浇筑式沥青混凝土 力学特性研究及数值分析

王建祥　何建新　王相峰◎著

U0212385

中国建设科技出版社

北　京

图书在版编目（CIP）数据

浇筑式沥青混凝土力学特性研究及数值分析/王建
祥，何建新，王相峰著 . -- 北京：中国建设科技出版社，
2024.10. -- ISBN 978-7-5160-3667-9

Ⅰ. TU755.6

中国国家版本馆 CIP 数据核字第 2024G4J073 号

浇筑式沥青混凝土力学特性研究及数值分析
JIAOZHUSHI LIQING HUNNINGTU LIXUE TEXING YANJIU JI SHUZHI FENXI
王建祥　何建新　王相峰◎著

出版发行：中国建设科技出版社
地　　址：北京市西城区白纸坊东街 2 号院 6 号楼
邮　　编：100054
经　　销：全国各地新华书店
印　　刷：北京印刷集团有限责任公司
开　　本：787mm×1092mm　1/16
印　　张：10.75
字　　数：250 千字
版　　次：2024 年 10 月第 1 版
印　　次：2024 年 10 月第 1 次
定　　价：68.00 元

前　言

　　沥青混凝土心墙堆石坝是土石坝的主要坝型之一，大坝主体由堆石或砾石组成，中间设置沥青混凝土心墙起防渗作用。根据施工方法的不同，心墙沥青混凝土材料一般分为碾压式沥青混凝土和浇筑式沥青混凝土。浇筑式沥青混凝土具有流动性，只需要简单地摊铺整平即可完成施工，在冷却后自然成型，无须碾压。浇筑式沥青混凝土心墙坝具有施工方便快捷以及严寒条件下亦可施工的优点，并且防水性、耐久性、疲劳抗裂性和从变形能力好，空隙率很小。浇筑式沥青混凝土心墙坝作为一种非常具有竞争力的坝型受到国内外有关专家和工程界的重视。新疆由于降水偏少，岩体风化程度、范围和深度等不足，造成了优质防渗土的料源缺少；但新疆是优质石油沥青的产地，沥青料源无论从质量、产量还是运距来说都具有得天独厚的优势。新疆从 20 世纪 90 年代引进沥青混凝土心墙坝，得到了广泛应用，目前有多座浇筑式沥青混凝土心墙坝在建和拟建中。

　　在浇筑式沥青混凝土心墙坝中，防渗心墙具有至关重要的地位，心墙材料的特性直接决定了大坝的性能。国内外学者对心墙沥青混凝土力学特性等方面做了大量有益的研究与探讨，但主要针对碾压式沥青混凝土及坝体性能的研究和分析较多，对浇筑式沥青混凝土，则主要针对施工和工程中出现的问题等方面进行了研究；对浇筑式沥青混凝土静动力特性、相关机理及本构模型等方面缺乏系统的分析，其理论研究明显滞后于工程实践。

　　本书通过系统的试验研究、理论分析和数值模拟，全面研究了浇筑式沥青混凝土的配合比设计、基本性能、静动力特性以及本构模型等；详细分析了浇筑式沥青混凝土的配合比设计原则和方法；根据工程需求和材料特性，通过正交设计试验方案，优化了浇筑式沥青混凝土的配合比，确保了材料的防渗性能和施工性能；研究了浇筑式沥青混凝土的压缩性能、水稳定性能、沥青与骨料的黏附性能等基本性能；在静力特性方面，通过静力三轴试验，研究了不同因素对浇筑式沥青混凝土应力-应变关系的影响，并基于试验结果探讨了邓肯-张模型在描述浇筑式沥青混凝土行为方面的适用性；结合实际工程案例，分析了温度、沥青用量、覆盖层厚度及最大粒径等因素对心墙工作性态的影响；在动力特性方面，通过动力三轴试验研究了浇筑式沥青混凝土的动态应力-应变关系、动弹性模量和阻尼比，并基于 Hardin-Drnevich 模型探讨了浇筑式沥青混凝土的动态本构关系；基于改进的本构模型，进行了浇筑式沥青混凝土心墙坝的动力响应分析和心墙抗震安全评价，并对心墙材料的本构模型参数进行了敏感性分析。

　　本书由贵州民族大学王建祥整体策划和统稿。参与本书撰写的有：新疆农业大学的何建新、王相峰、刘亮；新疆水利水电勘测设计研究院有限责任公司的胡小虎；湖州职业技术学院的李建华。本书第 1 章由王建祥、何建新撰写；第 2、3 章由何建新、王建祥、刘亮、胡小虎撰写；第 4、5 章由王相峰、胡小虎、王建祥撰写；第 6 章由王建祥、何建新、王相峰撰写；第 7 至 9 章由王建祥、李建华撰写。感谢新疆农业大学唐新军教授为本书的撰写给予的指导和帮助。

　　本书是关于心墙浇筑式沥青混凝土的相关研究成果，后续的研究工作还需不断深化、发展和完善。希望本书能对从事或即将涉足相关工程的从业人员等有所帮助和借鉴。受研究范围和作者水平的限制，本书中难免存在疏漏和不足之处，敬请读者批评指正。

著　者
2024 年 6 月

目　录

1 绪 论

1.1 研究背景

沥青混凝土材料作为土石坝的防渗体，具有诸多优点。例如：防渗性好，适应性强；节省防渗土料，有效保护耕地；工程量小，施工速度快；塑性好，抗冲击能力力强；耐久性及裂缝自愈能力好；不需要设置接缝，容易修缮补强；在严寒高山地带或潮湿多雨地区也可迅速施工等[1-2]。因此，沥青混凝土材料在大坝建设中日益受到重视。沥青混凝土心墙堆石坝是土石坝的主要坝型之一，大坝主体由堆石或砾石组成，中间设置沥青混凝土心墙起防渗作用[3-4]。将沥青、矿料与掺合料等原材料按适当比例配合，经加热拌和均匀后，再经过压实或浇筑等工艺成型。在沥青混凝土心墙坝中，沥青混凝土的塑性性能可以有效吸收坝体超载引起的变形，而且不影响心墙的防渗性能[5]。在气候恶劣的条件下也能保证施工质量，且施工速度快，易于施工管理和质量控制。所以，沥青混凝土被广泛地应用于水工结构防渗体上，特别是在寒冷地区土石坝内的防渗体上[6-7]。可以预见，沥青混凝土在水工防渗技术的应用前景将会越来越广阔。

沥青混凝土心墙根据施工方法的不同，主要分为碾压式沥青混凝土心墙和浇筑式沥青混凝土心墙两类。碾压式沥青混凝土心墙沥青用量少，一般为 $6\% \sim 8\%$，拌和物松散，必须借助摊铺压实机械施工以达到要求的渗透性和强度，对施工设备要求较高[8-9]。浇筑式沥青混凝土施工，不需要对混凝土拌和物进行碾压或振捣，只需简单地将一定温度（$150 \sim 160℃$）的混凝土拌和物直接浇筑摊铺到模板或沟槽形成的仓体内，利用热态拌和物的流动性使拌和物在仓内自身流平，且在流平及自然冷却的过程中，借用拌和物的容重自身压实[10-11]。而且浇筑结合面不需要辅助加热，也能保证结合面接合紧密。同时，西北地区的冬季属于河流枯水季，若使用浇筑式沥青混凝土可以简化导流工程，降低工程造价，缩短施工周期。

但是，目前研究工作及其成果主要集中于碾压式沥青混凝土心墙坝，对于浇筑式沥青混凝土心墙坝，目前的研究大多都是针对施工过程中出现的一些问题，对浇筑式沥青混凝土心墙材料配合比及力学特性缺乏系统的研究和分析。浇筑式沥青混凝土同碾压式沥青混凝土在配合比及力学性能方面的差异会使得它们在坝体中的工作性态存在不同，因此，对浇筑式沥青混凝土心墙的配合比及力学特性的研究，对于正在修建和拟建的浇筑式沥青混凝土心墙堆石坝的设计和施工都具有重要的意义和价值。

1.2 沥青混凝土防渗材料的应用与发展

第二次世界大战后，水工沥青混凝土的应用技术理论得到了发展。美国、德国、阿尔及利亚等国陆续修建成了一批采用沥青混凝土防渗的土石坝及蓄水池，并且水工沥青混凝土应用也推广到了渠道、土石坝护坡及海港等方面[12]。

沥青混凝土用于土石坝心墙防渗晚于沥青混凝土的面板防渗。在初期开始将沥青混凝土用于土石坝心墙防渗时，由于心墙设置于坝体的内部而不容易修补，因此，存在各种担心及疑虑，各国都对沥青混凝土心墙进行了认真的观测[13-14]。1949年在葡萄牙建成的ValedeGaio坝，坝高为45m，该坝在上游侧黏土的防渗体以外又铺上沥青混凝土防渗体，起到了附加防渗的作用[15]，这可以认为是最早修建的沥青混凝土心墙坝。另外，联邦德国于1954年修建了Heme坝，该坝采用了块石沥青混凝土的心墙形式[16]。第二次世界大战后，特别是近些年来，国外的水工沥青技术得到了迅速发展，世界各国对该项技术也逐渐开始重视起来，应用范围也越来越广，采用的形式也越来越多，结构逐步趋向简单化，工程规模也在不断扩大[17]。在国际上，20世纪70年代之前，建成的以沥青混凝土为防渗体的土石坝，多数以碾压式沥青混凝土为主；70年代以后，开始尝试采用浇筑式沥青混凝土作为土石坝的防渗体[18]。

我国采用沥青混凝土作为防渗心墙起步较晚，大概是从20世纪70年代初开始的。1973年，在吉林建成了白河浇筑式沥青混凝土心墙坝，坝高24m[19]。在1974年至1975年间，建成的甘肃党河、辽宁郭台子、云南黄龙、河北抄道沟及河南南谷洞等水库，采用了碾压式或者浇筑式沥青混凝土心墙作为防渗体[20]。目前，我国已建和在建的沥青混凝土心墙坝有200多座，其中浇筑式沥青混凝土心墙坝大概有50多座[21-22]。随着水利工程界对沥青混凝土防渗材料性能认识的逐步深入，以及施工机械化程度的逐步提高，沥青混凝土心墙土石坝已成为当前水利工程界的热点，该坝型也成为国际大坝委员会（ICOLD）的推广坝型[23-25]。

新疆地区降水稀少，因而，岩体风化的范围、程度和深度均不足；而相对分布较广的风积黄土，由于需要水参与的化学及物理作用不充分，导致其在分散性、湿陷性及渗透性等方面与规范的要求之间具有一定的差异。这些原因造成了新疆地区优质防渗土的料源相对缺少[26-27]。同时，新疆大部分地区的气候条件较为恶劣，冬季寒冷甚至严寒；夏季则日照强，降水较少，且地震烈度较高[28]。但是，新疆克拉玛依市是优质的石油沥青产地，沥青的料源无论从产量、质量还是运距来讲，均有得天独厚的优势。新疆从20世纪90年代引进沥青混凝土心墙土石坝，对于碾压式沥青混凝土心墙坝，在2001年，建成坝高51.3m的坎尔其水库；2007年，建成了坝高71m的照壁山水库；2010年，建成了坝高78m的下坂地水库[29]。对于浇筑式沥青混凝土心墙土石坝，目前建成的有多拉特、拖里和加音塔拉等，拟建的浇筑式沥青混凝土心墙坝也有若干座[30-32]。因而，针对沥青混凝土的应用现状，急需开展沥青混凝土防渗体在工程中的力学性能等方面的研究。

1.3 沥青混凝土材料研究现状

1.3.1 碾压式沥青混凝土心墙坝研究现状

对沥青混凝土心墙坝的研究，主要分为以下两个方面。

1. 静力性能和静力本构模型

沥青混凝土材料的力学性能极其复杂，由试验所得到的沥青混凝土应力-应变曲线也比较复杂。特别是在材料屈服后，应力与应变之间不是简单的函数关系，这给理论研究和实际应用带来一定的困难。结合沥青混凝土心墙土石坝的建设，国内一些高等院校和科研院所针对沥青混凝土材料，开展了静力性能和本构关系方面的研究，并对一些工程的沥青混凝土心墙坝进行了数值模拟计算[33-39]。原新疆八一农学院的凤家骥和葛毅雄、西安理工大学的王为标和余梁蜀等分别进行了试验研究。1987 年，凤家骥和葛毅雄根据对沥青混凝土材料的试验研究结果，发现采用邓肯-张模型来模拟沥青混凝土材料不太合适，考虑到邓肯-张模型在岩土计算及水利工程中的应用比较广泛，因此，提出了修正的邓肯-张模型[40]。1996 年，王为标依据对沥青混凝土应力-应变关系的分析研究，提出了修正的邓肯-张双曲线来计算切线模量、修正的但尼尔公式来计算切线泊松比的新方法；同时，提出了沥青混凝土材料新的破坏准则[41]。陈俊则从细观角度深入分析了沥青混凝土的断裂机理；根据概率理论，建立了骨料质量级配与二维数量级配的关系；并通过计算机随机生成了具有两种不同沥青膜厚度的沥青混合料二维数值试件；采用离散元方法，对沥青混合料小梁试件的断裂过程进行了模拟，分析了沥青混合料的抗拉强度、骨料与砂浆的黏结强度及沥青膜厚度对沥青混合料断裂过程的影响[42]。朱晟根据某心墙土石坝中的沥青混凝土室内三轴蠕变试验资料，得到沥青混凝土试件的试验应力与对应的最终剪切蠕变量满足双曲线关系。因而，引入了随应力状态改变而变化的蠕变剪切模量，基于 Leaderman 叠加原理，建立了可以反映复杂应力路径影响的五参数增量蠕变模型，并应用该增量蠕变模型对某心墙坝进行了非线性有限元分析[43]。张华基于应力等效假设，引入劲度模量作为浇筑式沥青混凝土疲劳损伤参量，将其劲度模量损伤因子增量随加载次数的累积过程分成 3 个阶段。把宏观力学性能发生剧烈变化的第 3 个阶段，定义为浇筑式沥青混凝土疲劳裂缝出现的区域，根据不同温度下的疲劳损伤试验结果分析，得到了浇筑式沥青混凝土在疲劳破坏时损伤因子和疲劳寿命之间的幂函数关系式；考虑温度因素，建立了浇筑式沥青混凝土疲劳损伤模型[44]。李同春和刘晓青等对建在深厚覆盖层上的冶勒沥青混凝土心墙坝进行了静力非线性有限元分析，对折线形和直线型的心墙形式进行了比较，并分析了软、硬两种心墙以及防渗墙的接头形式对防渗体的应力状态、工作性态的影响[45]。胡春林等在进行大量的试验研究、数值计算分析以及施工技术研究的基础上，对沥青混凝土心墙力学特性进行综合分析，指出其力学特性不仅与沥青混合料的配合比有关，而且还与施工及成型工艺、温度、加荷速率和浸水时间等多种因素有关[46-48]。张丙印等以茅坪溪沥青混凝土心墙堆石坝为模型，分别采用邓肯-张模型和清华非线性 K-G 模型，针对应力和变形进行了有限元分析。分析结果认为，该坝的心墙采用沥青混凝土材料的设计方案是合理且可行的[49]。余梁蜀等采用自制的试验设备，结合实际工程中平面连接的结构形式，对沥青混凝土心墙底部的接头结构，进行了大比例尺的模型试验研究；在预估可能发生的应力及应变情况下，考察接头部位的结构是否安全可靠，以及是否会发生开裂、漏水以及破坏等现象[50-51]。张红艳等针对土石坝静力分析中常用的 3 种本构模型，即 Duncan E-B、Duncan E-v 及双屈服面模型，以沥青混凝土心墙堆石坝为研究对象，进行了三维非线性有限元分析。分析结果表明：采用三种本构模型计算结果分布一致，但 Duncan E-B 和

Duncan E-v 模型计算所得到的最大竖向沉降更接近实际情况，而采用双屈服面模型计算的沥青心墙应力比较均匀合理[52]。

上述研究多数主要是对碾压式沥青混凝土材料，且主要针对静力性能和静力本构模型进行了研究，对浇筑式沥青混凝土的研究较少。

2. 动力性能和抗震方面

在动力及抗震性能方面，经过国内外学者的研究工作，对碾压式沥青混凝土心墙材料的研究取得一定的进展[53-57]。2000 年，王为标等针对沥青混凝土心墙土石坝的上游面，从沥青混合料的施工方法、结构形式及已建工程的运行效果等多方面，论述了沥青混合料防渗结构的可靠性。研究表明：沥青混合料具有强抗裂性、高压抗渗性、强裂缝自愈性、较大的变形能力及良好的抗震性能[58]。李永红对建于深厚覆盖层地基上的冶勒沥青混凝土心墙堆石坝进行了三维非线性动力反应分析；并结合已有的经验进行综合研究，对大坝的抗震安全性进行了评价；对该沥青心墙坝的布置、断面设计及抗震措施进行了优化[59]。余梁蜀等根据沥青混凝土材料的动三轴试验，分析了围压、固结比和油石比等因素对土石坝沥青混凝土心墙料动力特性的影响规律。试验结果表明：固结比或者围压的增大将有利于提高沥青混凝土抵抗动荷载能力，但是沥青混凝土的阻尼比会降低；油石比对沥青混凝土材料的动力特性有较大的影响[60]。卜建清为了分析路面的结构参数变化对沥青混凝土路面结构动力响应的影响，利用通用有限元软件 Abaqus，将汽车荷载简化为移动均布荷载，采用 8 节点等参单元模拟路面结构，通过改变弹性模量、泊松比、结构层厚度等参数以及行车速度对路面结构进行了动力响应分析[61]。嵇红刚结合黄金坪大坝，对深厚覆盖层上的沥青混凝土心墙土石坝进行了系统的动力有限元分析[62]。Mohammad Hassan Baziar 等人，对 Meyjaran 沥青混凝土心墙堆石坝进行了三维非线性有限元分析。研究结果表明：由于沥青心墙的弹塑性好，该坝在强震作用下的动力反应是安全的；同时还对沥青心墙的动剪应变进行了分析，得出在强震下，沥青心墙的顶部相对心墙的其他部位更容易出现裂缝[63-65]。朱晟（2008）依据沥青混凝土材料的动力三轴试验资料，采用有效应力动力分析方法，利用 TSDA 计算程序，对某沥青混凝土心墙坝进行了动力计算分析。根据分析结果，得出采用沥青混凝土心墙具有良好的抗震性能[66]。Feizi-Khankandi 等人（2007），依托伊朗的 Garmrood 大坝，进行了动力分析，并与振动台试验结果进行比较，证明了在地震荷载作用下，沥青混凝土心墙两侧的过渡料竖向位移比较明显，心墙中没有出现明显的裂缝，大坝整体是安全的[67-69]。由以上分析可得，在沥青混凝土心墙坝的动力及抗震性能方面，也主要针对碾压式沥青混凝土及坝体进行了分析研究。

1.3.2 浇筑式沥青混凝土心墙坝研究现状

浇筑式沥青混凝土具有较强的流动性，一般不需要碾压，只需简单地摊铺整平即可完成施工；空隙率很小，而且内部空隙不连通[70-72]。浇筑式沥青混凝土所具有的结构特点，决定了其除了拥有沥青混凝土的性能之外，还具有不同于碾压式沥青混凝土的特性：（1）密水性能好。浇筑式沥青混凝土基本是不透水的，这是碾压式沥青混凝土所无法相比的。在很多水利及其他工程中，将浇筑式沥青混凝土作为防水结构体系的一部分，或者直接作为防水层进行应用。（2）耐久性能优。浇筑式沥青混凝土空隙率非常低，即使材料内部有微小的空隙，也是相对封闭不连通的，水分（气）很难渗入。因此，大大减少了沥青混凝土在使用的过程中接触水（空）气的机会，延缓了沥青混凝土产生老化、脆化及性能衰变的时间。（3）变形协调能力和疲劳抗裂性能好。浇筑式沥青混凝土具有较高的沥青用量，因此，其柔韧性很好，可以协调与结构层的同步变形，而不易出现开裂等破坏现象。（4）不会出现因碾压所带来的病害。浇筑式沥青混凝土的成型以及强度是在温度冷却后自然形成的，不需要碾压[73-77]，因此，避免了许多由于摊铺碾压所埋下的质量隐患。

对浇筑式沥青混凝土的研究，根据目前已报道的成果，可归纳为以下 3 个方面：（1）浇筑式沥青混凝土的原材料与配合比选择。宋日英等认为选择浇筑式沥青混凝土，需要考虑沥青的物理性能和施工环境等因素的影响；选择填料时，要全面考虑材料的表面活性大小和亲水性系数；选择粗细骨料时，要综合考虑骨料对技术性能的影响。选择浇筑式沥青混凝土的配合比时，首先，应该采用最大密实度的原则；其次，可采用按照粒径系数来选定密实混合物的方法[78]。余梁蜀等对浇筑式沥青混凝土材料的性能进行了分析，研究了浇筑式沥青混凝土混合料的配合比设计方法，并结合具体工程实例验证该设计方法的可行性[79]。（2）浇筑式沥青混凝土静力性能试验和数值模拟。宋日英等通过室内温控高压三轴仪，分别针对不同沥青含量的浇筑式沥青混凝土试件进行了静三轴试验。在温度为 5℃和 10℃时，分别分析了沥青含量对试件的模量系数 K、内摩擦角 φ、黏聚力 C 和最大偏应力的影响[80]。王相峰等采用邓肯-张模型对浇筑式沥青混凝土心墙坝进行了有限元计算分析，探讨了浇筑式沥青混凝土的沥青用量和温度对不同坝高情况下沥青心墙工作性态的影响[81-82]。（3）浇筑式沥青混凝土施工技术研究。王叶林等结合实际工程，针对在寒冷地区进行冬季施工的条件，对心墙浇筑式沥青混凝土防渗体的施工关键技术进行了探索和创新[83]。根据以上分析可知，已有对浇筑式沥青混凝土的研究主要是在材料配合比、静力性能和施工技术等方面，缺少对浇筑式沥青混凝土配合比、静动力特性及工作性态方面的深入研究。

1.4 主要研究内容

本研究以试验为依据，采用理论分析、试验研究和数值模拟相结合的方法，研究浇筑式沥青混凝土材料的配合比及静动力特性，探讨骨料最大粒径、沥青用量和温度等因素对浇筑沥青混凝土力学特性的影响。基于试验结果，对浇筑式沥青混凝土心墙坝进行静动力有限元分析及抗震安全评价。在此基础上，对浇筑式沥青混凝土的静动力本构模型参数进行了敏感性分析。主要研究内容如下：

（1）以新疆天然砾石骨料为基础，采用正交设计法分别对骨料最大粒径 19mm 和 31.5mm 进行配合比设计，根据马歇尔试验结果优选配合比。根据沥青混凝土正交试验方案的马歇尔试验结果，以孔隙率、稳定度、流值为考核指标进行方差分析，揭示级配指数、沥青用量、填料用量对其影响规律。

（2）针对优选的配合比，进行水稳定性、压缩、施工流动性及分离度等基本性能试验；探讨骨料最大粒径提高至 31.5mm 后，浇筑式沥青混凝土性能指标是否满足设计规范要求。根据不同骨料最大粒径（19mm，31.5mm）的邓肯-张 $E\text{-}v$ 模型参数进行有限元计算分析，研究不同粒径对浇筑式沥青混凝土的应力-应变关系曲线的影响规律。

（3）浇筑式沥青混凝土静力特性试验及工作性态研究。通过不同沥青用量、不同温度的角度研究浇筑式沥青混凝土的应力-应变关系，探讨其静力本构模型，并进行有限元软件二次开发，进行浇筑式沥青混凝土工作性态分析。

（4）浇筑式沥青混凝土的动力特性试验及本构模型研究。选用新疆某浇筑式沥青混凝土材料，进行动力特性试验，研究浇筑式沥青混凝土材料的动应力-应变、动弹性模量和阻尼比的变化规律；探讨不同围压、主应力比和频率对浇筑式沥青混凝土材料的动应力-应变、动弹性模量和阻尼比的影响规律。在动本构特性试验成果分析的基础上，以 Hardin-Drnevich 模型为基础，对浇筑式沥青混凝土本构关系进行改进。基于有限元软件 ADINA，研制心墙坝地震动力计算程序。

（5）浇筑式沥青混凝土心墙坝动力计算及抗震安全评价。利用研制的动力计算程序，针对典型浇筑式沥青混凝土心墙坝进行动力有限元分析，研究浇筑式沥青混凝土心墙坝的动力工作性状及变化规律，并对该心墙坝进行抗震安全评价。

（6）浇筑式沥青混凝土本构模型参数敏感性分析。以典型浇筑式沥青混凝土心墙坝为研究对象，分别采用单因素和多因素分析方法，对浇筑式沥青混凝土静动力本构模型参数进行敏感性分析。在多因素分析方法中，分别采用极差和方差分析方法对试验指标进行分析，详细探讨浇筑式沥青混凝土本构模型参数对心墙静动力仿真计算结果的敏感性。

参考文献

[1] 张怀生．水工沥青混凝土［M］．北京：中国水利水电出版社，2004．

[2] CAO W，WEN L，LI Y，et al. Influence of difference in deformation modulus between asphalt concrete core and transition layer on core behavior and difference threshold determination［J］．Computers and Geotechnics，2024：169.

[3] 王为标．土石坝沥青防渗技术的应用和发展［J］．水力发电学报，2004，23（6）：70-74．

[4] 孙君森，王为标．碾压沥青混凝土坝的沥青混凝土防渗［M］．西安：陕西人民出版社，2003．

[5] BO Z，LILI S，ZHANBO J，et al. Progress and Prospect of Geophysical Research on Underground Gas Storage：A Case Study of Hutubi Gas Storage，Xinjiang，China［J］．Earthquake Research in China，2020，34（2）：187-209．

[6] 蒋国澄．近代高土石坝结构的重要进展［M］//水利水电科学研究院．高土石坝筑坝关键技术问题的研究成果汇编：第二册．北京：水利水电出版社，1986．

[7] 司政，陈尧隆，李守义，等．覆盖层上沥青混凝土心墙堆石坝应力变形有限元分析［A］//中国水力发电工程学会水工及水电站建筑物专业委员会．利用覆盖层建坝的实践与发展．北京：中国水利水电出版社，2009：137-144．

[8] 刘立新．沥青混合料粘弹性力学及材料学原理［M］．北京：人民交通出版社，2006．

[9] MARIA CASTRO，JOSE A SANCHEZ. Estimation of asphalt concrete fatigue curves-A damage theory approach［J］．Construction and Building Materials，2007（22）：1232-1238．

[10] 吴文军，张华，钱觉时．浇筑式沥青混凝土应用现状综述［J］．公路交通技术，2009（3）：60-63．

[11] 中国水电顾问集团华东勘测设计研究院，西安理工大学．土石坝沥青混凝土面板和心墙设计

规范：DL/T 5411—2009［S］．北京：中国电力出版社，2009.

[12] 李媛．沥青混凝土心墙工程施工仿真系统研究与发展［D］．西安：西安理工大学，2010.

[13] 朱悦．沥青混凝土心墙基本性能的研究：静三轴试验和应力松弛试验研究［D］．西安：西安理工大学，2004.

[14] 郝巨涛，刘增宏．抽水蓄能电站沥青混凝土防渗面板低温特性及试验方法探讨［J］．水利水电技术，2005（3）：319-323.

[15] YOU Z P. Development of a micromechanical modeling approach to predict asphalt mixture stiffness using the discrete element method［D］．Illinois：University of Illinois at Urbana-Champaign，2003.

[16] 祁世京．土石坝碾压式沥青混凝土心墙施工技术［M］．北京：中国水利水电出版社，2000.

[17] 王学超．深覆盖层心墙坝及防渗墙应力变形分析［D］．西安：西安理工大学，2004.

[18] 鲁朝．沥青混凝土心墙模拟水利劈裂的研究［D］．西安：西安理工大学，2010.

[19] 任少辉．沥青混凝土静三轴试验研究及心墙堆石坝应力应变分析［D］．西安：西安理工大学，2008.

[20] 王海建．水工沥青混凝土配合比影响因素［D］．西安：西安理工大学，2009.

[21] 刘武军，陈尧隆，司政，等．沥青混凝土心墙坝三维有限元动力分析［J］．水资源与水工程学报，2009，12（2）：55-60.

[22] 杨华全，王晓军，何晓民．沥青混凝土模量数 K 值的影响因素试验研究［J］．长江科学院院报，2007，24（4）：57-59.

[23] 张肖宁．沥青与沥青混合料的粘弹力学原理及应用［M］．北京：人民交通出版社，2006.

[24] 朱晟．沥青混凝土防渗体的力学特性研究与三峡茅坪溪堆石坝安全分析［D］．南京：河海大学，2006.

[25] 张应波，王为标，杜效鹄．石灰岩粉填料对水工沥青混凝土性能的影响研究［J］．水利发电学报，2008，27（5）：74-77.

[26] 龚涛．水工沥青混凝土残余变形试验研究及沥青心墙堆石坝三维数值分析［D］．大连：大连理工大学，2012.

[27] 余华英，韩守都．新疆沥青混凝土心墙坝关键技术研究浅谈［J］．水利规划与设计，2012（2）：53-55.

[28] 李湘权，克里木．沥青混凝土心墙土石坝在新疆坝工建设中的应用现状及施工技术［J］．水利水电技术，2011，42（12）：53-58.

[29] 韩艳．沥青混凝土力学模型参数研究及沥青心墙堆石坝三维数值分析［D］．西安：西安理工大学，2010.

[30] 余华英，守都．配合比参数对水工沥青混凝土防渗性能影响的试验研究［J］．水资源与水工程学报，2010，1（5）：145-151.

[31] 屈漫利．水工沥青混凝土抗裂性能和试件成型方法的试验研究［D］．西安：西安理工大学，2001：2-11.

[32] 杨智睿．下坂地土石坝三维静应力与变形计算分析［D］．西安：西安理工大学，2003：3-6.

[33] QIAN-JUN XU, HONG-LEI YIN, XIAN-FENG CAO. A temperature-driven strength reduction method for slope stability analysis［J］．Mechanics Research Communication，2009，36（2）：224-231.

[34] UNGLESS R F. An infinite finite element［D］．M. A. Sc：University of British Columbia，1973.

[35] BEER G，MEEK J L. Infinite domain element［J］．International Journal for Nurnerical Methods in Engineering，1981（17）：43-52.

［36］ ZIENKIEWICZ O C. A novel boundary infinite element ［J］. International Journal for Numerical Methods in Engineering，1983（19）：393-404.

［37］ 党林才，万光达. 利用覆盖层建坝的实践与发展 ［A］. 北京：中国水利水电出版社，2009.

［38］ DAY R A. Finite element analysis of construction stability of Thika Dam. Computers and Geotechnics ［J］. 1998，23（4）：205-219.

［39］ Parton，I M. Finite element analysis of an earth dam and foundation ［J］. Aust-NZ Conf of Geomech，1975：21-25.

［40］ 凤家骥，葛毅雄，孙兆雄. 沥青混凝土应力-应变关系试验研究 ［J］. 水利学报，1987（11）：56-62.

［41］ 王为标，孙振天，吴利言. 沥青混凝土应力-应变特性研究 ［J］. 水利学报，1996（5）：1-8.

［42］ 陈俊，黄晓明. 基于离散元方法的沥青混凝土断裂机理分析 ［J］. 北京工业大学学报，2011，37（2）：211-216，259.

［43］ 朱晟，徐骞，王登银. 沥青混凝土的增量蠕变模型研究 ［J］. 水利学报，2011，42（2）：192-197.

［44］ 张华. 浇注式沥青混凝土（GA）疲劳性能研究 ［D］. 重庆：重庆大学，2010：82-92.

［45］ 李同春，刘晓青，夏颂佑，等. 冶勒堆石坝沥青混凝土心墙型式及尺寸研究 ［J］. 河海大学学报（自然科学版），2000（2）：109-112.

［46］ 胡春林，胡安明，李友华. 茅坪溪土石坝沥青混凝土心墙的力学特性与施工控制 ［J］，岩石力学与工程学报，2001（9）：742-746.

［47］ KOVACEVIC N. Finite element analysis of a rockfill dam ［J］. Proc 8 Int Conf Comput Methods Adv Geomech，1994（6）：2459-2465.

［48］ 乔玲，焦阳. 库什塔依水电站工程沥青混凝土心墙坝设计 ［J］. 水力发电，2012，38（4）：71-72.

［49］ 张丙印，李全明，熊焰，等. 三峡茅坪溪沥青混凝土堆石坝应力变形分析 ［J］. 长江科学院院报，2004（4）：47-51.

［50］ 余梁蜀，王春燕. 浇筑式沥青混凝土施工流动性试验研究 ［J］. 水资源与水工程学报，2010，21（3）：145-147.

［51］ DUNCAN J M，ZHANG CY. Nonlinear analysis of stress and strain in soils ［J］. Journal of Soil Mechanics and Foundation Division，1970，96（5）：1629-1653.

［52］ 张红艳，白长青，王文进，等. 三种本构沥青混凝土心墙土石坝特性 ［J］. 应用力学学报，2010，27（4）：709-715，849.

［53］ WIMMER J，STIER B，SIMON J，et al. Computational homogenisation from a 3D finite element model of asphalt concrete：linear elastic computations ［J］. Finite Elements in Analysis & Design，2016，110（3）：43-57.

［54］ ZIENKIEWICZ O C. The finite element method and the solution of some geophysical problems ［M］. London：Country of publication，1976.

［55］ 杨正权，刘小生，陈宁，等. 地震作用下的两河口高土石坝地震残余变形和破坏振动台模型试验研究 ［J］. 水力发电学报，2011，30（3）：152-157.

［56］ 甘亚军，王俊生，胡林军. 新疆下坂地水利枢纽沥青混凝土心墙碾压施工 ［J］. 人民长江，2012，43（4）：28-31.

［57］ KHALED ANWAR KANDIL，B S. Analytical and experimental study of field compaction of asphalt mixes ［D］. Ottawa：Carleton University，2002.

［58］ 王为标，杨全民，孙振天，等. 碾压混凝土坝的沥青混合料防渗结构 ［J］. 水利水电技术，

2001，32 (11)：42-46.

[59] 李永红，王晓东. 冶勒沥青混凝土心墙堆石坝抗震设计 [J]. 水电站设计，2004，20 (2)：41-45.

[60] 余梁蜀，晋晓海，丁治平. 心墙沥青混凝土动力特性影响因素的试验研究 [J]. 水力发电学报，2013，32 (3)：194-197.

[61] 卜建清，张大明. 参数变化对沥青混凝土路面结构动力响应的影响分析 [J]. 公路，2012 (3)：93-98.

[62] 嵇红刚. 深厚覆盖层上沥青混凝土心墙堆石坝三维动力分析 [D]. 南京：河海大学，2006：56-57.

[63] BAZIAR M H，SALEMI S，HEIDARI T. Analysis of earthquake response of an asphalt concrete core embankment dam [J]. International Journal of Civil Engineering，2006，4 (3)：192-210.

[64] 何晓民. 沥青混凝土三轴应力条件下的力学特性 [J]. 长江科学院院报，2000，4 (21)：37-40.

[65] 谷宏亮. 沥青混凝土心墙堆石坝三维数值分析 [D]. 南京：河海大学，2010.

[66] 朱晟. 沥青混凝土堆石坝三维地震反映分析 [J]. 岩土力学，2008 (4)：123-128.

[67] YOU Z P，BUTTLAR W G. Discrete element modeling to predict the modulus of asphalt concrete mixtures [J]. Journal of Materials in Civil Engineering，2011，23 (2)：121-126.

[68] PING SHU-JIANG，SHEN AI-QIN，LI PENG. Study of fatigue limit of asphalt mixture for perpetual pavement [J]. China Journal of Highway and Transport，2009，22 (1)：34-38.

[69] FEIZI-KHANKANDI，SIAMAK，GHALANDARZADEH，et al. Seismic Analysis of the Garmrood Embankment Dam with Asphaltic Concrete Core [J]. Soil and Foundation，2009，49 (2)：153-166.

[70] HOEG K. An evaluation of asphalt concrete cores for eobankment dams [J]. Water Power and Dam Construetion，1992 (5)：32-34.

[71] 郭江涛. 深厚覆盖层土石坝三维渗透特性分析 [D]. 咸阳：西北农业科技大学，2010：1-5.

[72] 王成理. 浅谈浇筑式沥青混凝土心墙堆石坝施工 [J]. 新疆水利，2005 (4)：29-32.

[73] 陈宇，姜彤，黄志全. 温度对沥青混凝土力学特性的影响 [J]. 岩石力学，2011，31 (7)：2192-2196.

[74] 任少辉. 沥青混凝土静三轴试验研究及心墙堆石坝应力应变分析 [D]. 西安：西安理工大学，2008：6-7.

[75] 韩林安，王文进，余梁蜀. 寒冷地区浇筑式沥青混凝土心墙施工关键技术 [J]. 人民长江，2009，40 (9)：49-51.

[76] 李志强，张鸿儒，侯永峰. 土石坝沥青混凝土心墙三轴力学特性研究 [J]. 岩石力学与工程学报，2006，25 (5)：997-1002.

[77] WANG W B，HODG K. Cyclic behavior of asphalt concrete used as impervious core in embankment dams [J]. Journal of Geotechnical and Geoenvironmental Engineering，2011，137 (5)：536-544.

[78] 宋日英，南东梅，陈宇. 浇筑式沥青混凝土的原材料与配合比选择 [J]. 铁道建筑，2012 (7)：142-144.

[79] 余梁蜀，马斌，王文进，等. 浇筑式沥青混凝土防渗层配合比优选方法研究 [J]. 水力发电学报，2004 (6)：75-79，87.

[80] 宋日英，李明霞，陈宇. 沥青含量对浇筑式沥青混凝土力学特性的影响 [J]. 人民长江，2011，42 (10)：83-86.

［81］ 王相峰，唐新军，胡小虎．浇筑式沥青混凝土心墙坝心墙性态的有限元分析［J］．人民长江，2013，44（1）：82-85.

［82］ 韩林安．寒冷地区浇筑式沥青混凝土防渗心墙施工关键技术研究［D］．西安：西安理工大学，2008：2-8.

［83］ 王叶林，秦边疆，任建江．浇筑式沥青混凝土心墙施工技术的创新及其在围堰工程的应用［J］．水利水电技术，2006，37（11）：39-42.

2 浇筑式沥青混凝土配合比设计

2.1 浇筑式沥青混凝土试验设计指标

根据《土石坝沥青混凝土面板和心墙设计规范》（SL 501—2010）[1]的规定，并参考国内一些沥青混凝土心墙坝工程的经验，初步拟定浇筑式沥青混凝土心墙的主要技术性能指标，见表 2-1。

表 2-1　浇筑式沥青混凝土的主要技术指标

序号	项目	单位	指标	备注
1	孔隙率	％	≤3	室内试验≤2
2	水稳定系数	—	≥0.90	—
3	分离度	—	≤1.05	—
4	施工黏度	Pa·s	$1×10^2～1×10^4$	—

2.2　材料的选用及性能

2.2.1　选择沥青的要求

《土石坝沥青混凝土面板和心墙设计规范》（SL 501—2010）中提出：水工沥青混凝土所用石油沥青的品种和标号应根据工程类别、结构性能要求、当地气温、适用条件和施工要求等进行选择[1]。浇筑式沥青混凝土宜选用针入度小、温度敏感性较小的沥青。在其条文说明中又指出为了提高浇筑式沥青混凝土的抗流变性和稳定性，可选用针入度较小，针入度指数较大的低标号沥青。

浇筑式沥青混凝土从宏观的角度来考虑可以认为是一种没有空隙的沥青混凝土，为保证其有足够的流动性和自密实性，沥青的用量不仅能够全部填充沥青混凝土混合料之间的矿料空隙，而且还要有一定的富余，因此，为了保证浇筑式沥青混凝土具有足够的体积稳定性，在沥青用量较大的情况下需要选用抗流变性和感温系数小的石油沥青。由于我国地域辽阔，国产石油品质差异较大，生产的沥青性能存在一定程度的差异，各地气象条件，工程条件也存在较大差别，所以，目前没有一种可以满足各种差异变化的沥青。因此，一定要做到因地制宜、取长补短，综合考虑工程性质、工作条件、气候条件、材料价格等因素。通常情况下，在气候温度比较高的地区用针入度偏小的沥青，具体要用哪种沥青还要考虑沥青针入度指数，一般认为针入度指数越大，沥青的抗流变性能越好，这必须根据具体的实际情况试验和论证。

针入度指数（PI）是应用针入度和软化点的试验结果来表征沥青感温性的一种指标。针入度指数越大，则沥青的感温性就越小，其黏度受温度的影响也较小。同时也可用针入度指数来判断沥青的胶体结构状态，即针入度指数值小于 -2 者为溶胶型沥青；针入度指数值大于 2 者为凝胶型沥青；针入度指数值在 $-2\sim2$ 者为溶-凝胶型沥青。当 PI<-2 时，沥青的温度敏感性强；当 PI>2 时，沥青则有较为明显的凝胶特征，其耐久性差。日本工程界认为溶-凝胶结构的沥青，其针入度指数值应在 $-1\sim1$。当沥青含量适宜并具有较多的胶质时，沥青中所形成的胶团之间的距离较近，胶团之间有一定的吸引力，但这种吸引力又不足以形成连续的网状结构[2]，如果将它分开则需要一定的外力，这种介于溶胶和凝胶之间的胶体结构称为溶-凝胶结构，优质道路沥青均属此类型。所以，《公路沥青路面施工技术规范》（JTG F40—2004）中 A 级道路石油沥青技术被纳入《土石坝沥青混凝土面板和心墙设计规范》（SL 501—2010）附录 A 中作为"水工沥青混凝土的石油沥青技术要求[1]"。A 级沥青无论是高稳的还是低稳的，其综合性能皆优良。

2.2.2　沥青用量的确定方法

在进行浇筑式沥青混凝土的配合比设计时，沥青的掺量常用沥青含量和沥青用量两种表示方法。

沥青用量是指沥青材料质量与矿料总质量的比率。

$$沥青用量 \ B = \frac{沥青质量}{矿料总质量} \times 100\% \tag{2-1}$$

沥青含量是指沥青材料质量与沥青混合料总质量的比率。

$$沥青含量 \ b = \frac{沥青质量}{沥青混合料总质量} \times 100\% \tag{2-2}$$

沥青用量与沥青含量之间的关系为

$$沥青用量 \ B = \frac{沥青含量 \ b \ （\%）}{100 - 沥青含量 \ b \ （\%）} \times 100\% \tag{2-3}$$

当使用沥青用量表示时，沥青材料质量成为独立变量，它的变化不影响矿料质量的计算，调整配合比时比较方便，为工程中常用，故本研究采用沥青用量 B 表述沥青混凝土中的沥青掺量。

在进行室内试验时，沥青混凝土的可浇筑性通常用施工黏度与分离度试验评定，渗透性常用密度、孔隙率来评定。施工黏度反映浇筑式沥青混凝土施工时的流动性，规范要求施工黏度应在 $10^2\sim10^4$ Pa·s；分离度反映浇筑式沥青混凝土骨料的分布、离析情况，一般要求不大于 1.05；孔隙率反映浇筑式沥青混凝土的防渗性，要求其值不大于 2%。

按照《土石坝沥青混凝土面板和心墙设计规范》（SL 501—2010）的要求，碾压式沥青混凝土心墙的沥青含量在 6%～7.5%；浇筑式沥青混凝土的沥青含量一般在 9%～13%。合理的沥青含量可以使浇筑式沥青混凝土具有良好的密实度、施工流动性、经济性。但沥青用量过多，将使浇筑式沥青混凝土心墙与过渡料的变形模量相差较大，不利于工程安全。

新疆已建、在建的 10 余座浇筑式沥青混凝土心墙坝，考虑到新疆地区气候寒冷，年平均气温较低，其心墙浇筑式沥青混凝土采用了标号较高的沥青：克拉玛依 70（A 级）道路石油沥青或 90（A 级）道路石油沥青[3-4]。下面对其中几个工程的心墙浇筑式沥青混凝土的各项物理力学性质进行了试验研究，通过试验确定的各工程浇筑式沥青混凝土的沥青含量、物理指标和施工参数等见表 2-2。

表 2-2 试验结果

工程名称	沥青用量（%）	沥青含量（%）	施工黏度（Pa·s）	分离度	孔隙率（%）	密度（g/cm³）
肯斯瓦特水库	9.2	8.4	1.25×10^3	1.03	1.25	2.34
乌雪特水库	9.3	8.5	5.12×10^3	1.04	1.57	2.35
也拉曼水库	9.0	8.2	4.91×10^3	1.03	1.29	2.33
东塔勒德水库	9.0	8.2	1.62×10^3	1.02	0.75	2.39
乌克塔斯水库	9.3	8.5	1.23×10^3	1.00	0.99	2.36
麦海英水库	9.3	8.5	1.82×10^3	1.00	1.65	2.34
阿勒腾也木勒水库	9.0	8.2	4.64×10^3	1.01	0.91	2.33

由表 2-2 可知，在这些工程项目中，在使用新疆克拉玛依石化公司生产的 70（A 级）道路石油沥青或 90（A 级）道路石油沥青的前提下，浇筑式沥青混凝土的沥青含量均在 8.2%～8.8%，低于现行《土石坝沥青混凝土面板和心墙设计规范》的下限值 9%。而试验结果表明：各工程的心墙浇筑式沥青混凝土的施工黏度均在 10^2～10^4 Pa·s，满足规范要求；其分离度均小于 1.05，表明浇筑式沥青混凝土的颗粒分布均匀，试件上下部密度变化不大；其孔隙率均在 2% 以下，密度均在 2.30～2.40g/cm³，表明浇筑式沥青混凝土密实度大，孔隙少，满足防渗要求。

上述各工程在现场施工过程中，浇筑式沥青混凝土均表现出较好的施工流动性。对浇筑后的沥青混凝土心墙进行钻心取样，而后进行分离度、孔隙率及密度试验，发现各项指标也均满足《土石坝沥青混凝土面板和心墙设计规范》（SL 501—2010）要求。表明浇筑式沥青混凝土具有良好的均匀性和密实度。

可见，选择标号较高的沥青，如克拉玛依 70（A 级）道路石油沥青或 90（A 级）道路石油沥青时，在满足分离度、施工黏度、孔隙率、密度等施工指标及物理力学参数的前提下，浇筑式沥青混凝土的沥青用量可低于现行《土石坝沥青混凝土面板和心墙设计规范》（SL 501—2010）的下限值 9%。如此，不仅可避免由于沥青用量大使心墙与过渡料之间的变形模量相差过大，同时可降低工程造价。

2.2.3 沥青的性能

沥青混凝土配合比试验中所用的沥青样品的技术性能结果见表 2-3。

表 2-3　克拉玛依石化公司产 90 号（A 级）道路石油沥青样品的技术性能

项目	单位	质量指标		出厂检验结果	样品检测结果
		JTGF 40—2004 90 号（A 级）	SL 501—2010 90 号（A 级）		
针入度（25℃，100g，5s）	0.1mm	80～100	80～100	98	91.2
延度（5cm/min，15℃）	cm	≥100	—	>150	—
延度（5cm/min，10℃）	cm	≥45	≥45	>50	67.7
软化点（环球法）	℃	≥45	≥45	46.8	45.5
针入度指数 PI	—	—1.5～+1.0	—1.5～+1.0	—0.71	—
60℃动力黏度	Pa·s	≥160	≥160	265.5	
溶解度（三氯乙烯）	%	≥99.5	≥99.5	99.81	
闪点（开口法）	℃	≥245	≥245	>280	
密度（15℃）	g/cm³	实测	实测	0.9842551	
蜡含量（蒸馏法）	%	≤2.2	≤2.2	1.77	
质量损失	%	≤±0.8	≤±0.8	0.119	
残留针入度	%	≥57	≥57	74.1	
残留延度（5cm/min 10℃）	cm	8	8	>20	

由上述结果可以看出，克拉玛依石化公司生产的 90 号（A 级）道路石油沥青的各项技术性能均达到要求指标，可以用于配制沥青混凝土。

2.2.4　细骨料选用及性能

试验用细骨料（粒径 0.075～2.36mm）为天然河砂，取天然河砂样品，经筛分，然后检测其技术性能。细骨料的颗粒级配及技术性能检测结果见表 2-4、表 2-5。

表 2-4　细骨料的颗粒级配

细骨料种类	筛孔尺寸（mm）						
	4.75	2.36	1.18	0.6	0.3	0.15	0.075
天然砂	通过量百分率（%）						
	100	100.0	67.47	43.59	11.72	3.36	0.35

表 2-5　细骨料的技术性能

项目	单位	要求指标	天然砂
表观密度	g/cm³	≥2.55	2.64
吸水率	%	≤2.0	1.18
水稳定等级	级	≥6	9
耐久性	%	≤15	0.71
有机质含量	—	浅于标准色	浅于标准色
含泥量	%	≤2	0.2

注：1. 表中所列要求指标是按《土石坝沥青混凝土面板和心墙设计规范》[1]（SL 501—2010）中的规定值。
　　2. 表中含泥量系经实验室冲洗加工后的实测值。

由表 2-4 可以看出，天然细骨料级配良好。表 2-5 中各项技术指标均满足沥青混凝土细骨料的技术要求，可以作为浇筑式沥青混凝土心墙的细骨料。试验时 $0.075\sim2.36mm$ 粒级骨料应冲洗干净，控制其含泥量不大于 2.0%。

2.2.5 粗骨料选用及性能

粗骨料拟采用工地制备 $5\sim40mm$ 粒级的天然砾石料，但其各项技术性能必须满足"SL 501—2010"标准中规定的水工沥青混凝土用粗骨料的技术要求，才能用来配制心墙的沥青混凝土，否则应采取增强骨料与沥青黏附性的技术措施。

《水工碾压式沥青混凝土施工规范》（DL/T 5363—2006）中规定粗骨料可根据其最大粒径分成 $2\sim4$ 级，有利于施工过程中保持粗骨料级配的稳定。考虑到试验的具体情况，在沥青混凝土配合比试验中以粗骨料最大粒径分作两组，第一组以粗骨料最大粒径 $31.5mm$ 分为 $2.36\sim4.75mm$、$4.75\sim9.5mm$、$9.5\sim19mm$、$19\sim31.5mm$ 4 种粒级来控制粗骨料的级配；第二组以粗骨料最大粒径 $19mm$ 分为 $2.36\sim4.75mm$、$4.75\sim9.5mm$、$9.5\sim19mm$ 3 种粒级来控制粗骨料的级配，结果见表 2-6，技术性能结果见表2-7。

表 2-6 粗骨料的颗粒级配汇总表

粗骨料粒径 （mm）	筛孔尺寸（mm）								
	31.5	26.5	19	16	13.2	9.5	4.75	2.36	1.18
	通过量百分率（%）								
19～31.5	100	67.60	0.25	0	0	0	0	0	0
9.5～19	100	100	100	90.34	51.83	1.06	0	0	0
4.75～9.5	100	100	100	100	100	100	0	0	0
2.36～4.75	100	100	100	100	100	100	100	0	0

表 2-7 粗骨料的技术性能

项目	单位	要求指标	2.36～4.75mm 粒级	4.75～9.5mm 粒级	9.5～19mm 粒级	19～31.5mm 粒级
表观密度	g/cm³	≥2.6	2.67	2.70	2.70	2.70
与沥青黏附性	级	≥4	—	—	5	5
针片状颗粒含量	%	≤25	9.7			
压碎值	%	≤30	—	—	10.3	10.1
吸水率	%	≤2.0	0.7	0.5	0.6	0.5
含泥量	%	≤0.5	0.1	0.3	0.3	0.3
耐久性5次 硫酸钠溶液 循环质量损失	%	≤12	0.2			

注：1. 表中所列要求指标是《土石坝沥青混凝土面板和心墙设计规范》（SL 501—2010）[1]中的规定值。
　　2. 表中含泥量为冲洗加工后的实测值。

由表 2-7 可以看出，粗骨料的各项技术指标基本符合规范要求，可作为浇筑式沥青混凝土心墙的粗骨料。试验时 2.36～4.75mm 粒级应冲洗干净，控制其含泥量应≤0.5%。

2.2.6　填料选用及性能

本次试验填料采用普通硅酸盐水泥。这样既可以增强沥青与骨料的黏附性，又能保证填料的技术指标达到规范要求。填料为新疆某水泥厂生产的 42.5 级普通硅酸盐水泥。技术性能要求及检测结果见表 2-8。从检测结果可以看出，所选用的填料质量满足规范要求，可用来配制本试验心墙沥青混凝土。

表 2-8　填料的技术性能

项目		要求指标	实测
表观密度（g/cm³）		≥2.5	3.08
亲水系数		≤1.0	0.74
含水率（%）		≤0.5	0.1
细度（%）	<0.6mm	100	100
	<0.15mm	100	98.92
	<0.075mm	>85	91.48

注：表中所列要求指标是按《土石坝沥青混凝土面板和心墙设计规范》(SL 501—2010)[1] 中的规定值。

2.3　浇筑式沥青混凝土配合比设计

沥青混凝土配合比选择包括：根据不同材料、不同填料用量和油石比组成各种不同的沥青混凝土[5]，进行密度、孔隙率、马歇尔试验等（密度和孔隙率指标能够反映沥青混凝土的防渗性能，马歇尔试验可以测得稳定度和流值；稳定度指标能够反映沥青混凝土的强度性能，流值指标能够反映沥青混凝土的变形性能）；然后，采用正交设计方法进行浇筑式沥青混凝土初步配合比试验。

2.3.1　骨料最大粒径的选择

粗骨料最大粒径对浇筑式沥青混凝土的力学性质和施工特性有一定的影响。骨料粒径过大，容易导致施工过程中粗细骨料分离，粗骨料（尤其是骨料颗粒偏大的）容易下沉，而造成细骨料及沥青上泛，表面泛油严重，因此，构筑物内部结构因骨料分离而形成分层，对于浇筑式沥青混凝土来说，此种现象更为显著。骨料最大粒径过小，沥青混凝土的强度降低，变形增大；骨料最大粒径越大，矿料级配中粗颗粒的含量越多。

浇筑式沥青混凝土心墙的主要作用是防渗，因此，骨料相互有效填充及沥青材料对骨料的有效裹覆，使沥青混凝土具有良好的密实度及施工和易性，是决定骨料最大粒径的控制性因素。另外，骨料最大粒径的取值还会影响到沥青的用量，骨料粒径取值越大，沥青所需用量就越小。

理论计算及大量工程实践证明，沥青混凝土的骨料最大粒径取 19mm 较适宜，也为目前所通用。《土石坝沥青混凝土面板和心墙设计规范》(SL 501—2010) 中也规定浇筑式沥青混凝土心墙骨料的最大粒径宜不大于 26.5mm。新疆东塔勒德水库工程、麦海英水库工程、莫呼查汗水库工程的沥青混凝土骨料最大粒径均为 19mm，结合本试验的具体情况考虑，第一组选择粗骨料最大粒径为 19mm，第二组选择粗骨料最大粒径为 31.5mm。

2.3.2 矿料级配指数的选择

作为防渗结构使用的水工沥青混凝土对水稳定性及抗渗性要求较高，因此，水工沥青混凝土的矿料一般都采用连续级配，按密实级配原则进行设计。矿料级配是沥青混凝土配合比设计中重点要解决的问题，它直接影响沥青混合料及沥青混凝土的技术质量。

好的矿料级配，应该可使矿料空隙率最小，同时结构沥青又可以充分裹覆骨料的表面，以保证矿料颗粒之间处于最密实的堆积状态，并为矿料与沥青之间交互作用创造良好条件，从而使沥青混凝土最大限度地发挥其结构强度效能及综合技术性能。

为了达到上述目的，选择一个矿料标准级配（曲线），即矿料的设计级配，选择的方法有 3 种：

（1）从有关技术标准、规范推荐的矿料级配中选取；

（2）按经验公式计算出理论级配（曲线）；

（3）借鉴已建成的工程中使用的矿料级配。

目前工程中多采用第二种方法。根据最大密实度级配理论，丁朴荣[6,7]提出如下级配计算公式，即

$$P_i = F + (100 - F) \frac{d_i^n - d_{0.075}^n}{D_{max}^n - d_{0.075}^n} \tag{2-4}$$

式中　P_i——筛孔 d_i 的通过率，％；

　　　n——级配指数；

　　　F——粒径小于 0.075mm 的填料用量，％；

　D_{max}——矿料最大粒径，mm；

　　　d_i——某一筛孔尺寸，mm；

$d_{0.075}$——填料最大粒径 0.075mm。

此公式在水工沥青混凝土配合比设计中得到广泛应用。不难看出，当矿料的最大粒径及填料选定后，矿料级配是由级配指数 n 来决定的，实际上它是表示矿料中粗细骨料比例的一个特性量，级配指数增大，则矿料中粗骨料所占比例较高，级配指数成为沥青混凝土配合比的一个重要参数。骨料最大粒径 31.5mm 的级配指数由上所述，粗骨料多一级，粗骨料所占比例较大，所以初步选择级配指数范围为 0.38～0.42。而骨料最大粒径 19mm 的级配指数可以根据新疆工程的实际经验，也可以按照《土石坝沥青混凝土面板和心墙设计规范》（SL 501—2010）中推荐的 0.30～0.36。根据本工程的具体情况及新疆工程的实际经验，决定初步选取三种级配指数，分别为 0.30、0.33、0.36。

2.3.3 填料用量的选择

为了计算矿料的设计（标准）级配以及配制满足相应性能要求的沥青混凝土的需要，应选取适宜的填料（即水泥）用量（以填料质量占矿料总质量的百分率表示）。填料不仅

可以在矿料中起到填充密实作用，而且在沥青混合料中会起到一些其他重要的作用。

沥青混凝土中的沥青存有两种状态：一部分沥青裹覆于矿料颗粒的表面，与矿料产生化学吸附作用，可以形成一层较薄的沥青薄膜，即"结构沥青"；另一部分沥青在"结构沥青"层之外未与矿料发生化学吸附作用，而游离于沥青薄膜之外，即"自由沥青"。沥青混凝土的黏结力取决于"结构沥青"所占的比例以及矿料颗粒之间的距离，当矿料中的颗粒之间距离很近，并且是由"结构沥青"相互黏结时，沥青混凝土就具有较高的黏结力。"自由沥青"主要填充矿料中的空隙，其与矿料颗粒的黏结力较低。当矿料中的沥青膜越薄，"结构沥青"所占的比例越大时，矿料颗粒与颗粒之间越能黏结牢固，使沥青混凝土获得较高的整体强度。在沥青混凝土中适当增加填料用量，沥青膜的厚度可以减薄，对增加"结构沥青"的比例有着决定性作用，因为填料的表面积通常占到矿料总表面积的90％以上。另外，填料还在提高沥青胶浆的黏度、提高沥青混凝土的热稳定性和降低沥青混凝土低温抗裂性等方面起到作用。所以，填料用量会直接影响沥青混凝土的强度性能、变形性能、耐久性以及施工的和易性，是沥青混凝土配合比的重要参数之一。

因此，确定最佳填料用量也是沥青混凝土配合比设计的一个技术关键。浇筑式沥青混凝土的浆骨比较大，沥青胶浆的数量和黏度对沥青混凝土的和易性及沥青混凝土的技术性能都影响显著。沥青胶浆过多、黏度过小，则沥青混凝土的流动性大，骨料与胶浆易离析，构筑物会因粗骨料沉降而分层，固结后的沥青混凝土强度较低，受荷载作用产生的变形较大。若沥青胶浆过少、黏度过大，则沥青混凝土和易性差，难以摊铺，浇筑沥青混凝土的各项性能很难达到技术要求。《土石坝沥青混凝土面板和心墙设计规范》（SL 501—2010）中推荐心墙浇筑式沥青混凝土的填料用量为12％～18％，根据工程的实际情况，借鉴近年来新疆多个工程浇筑式沥青混凝土配合比使用的经验，选用填料用量为10％～14％。

2.4　试验方案

2.4.1　正交设计试验方案

根据确定的骨料最大粒径 D_{max}（31.5mm 和 19mm），试验采用正交设计方法，进行三因素三水平的正交试验。分别选择 3 种不同的沥青用量、矿料级配指数及填料用量，组成 9 种配合比进行试验，研究马歇尔试验中各因素对沥青混凝土的孔隙率、稳定度和流值的影响。由前述得到最大粒径为 31.5mm 和 19mm 的试验因素水平分别见表 2-9、表 2-10，试验设计方案分别见表 2-11、表 2-12。

表 2-9　正交试验因素水平表（最大粒径 31.5mm）

水平	试验因素		
	沥青用量（％）	矿料级配指数 n	填料用量（％）
1	7.00	0.38	14.00
2	7.50	0.40	12.00
3	8.00	0.42	10.00

表 2-10 正交试验因素水平表（最大粒径 19mm）

水平	试验因素		
	沥青用量（%）	矿料级配指数 n	填料用量（%）
1	9.00	0.30	14.00
2	9.50	0.33	12.00
3	10.00	0.36	10.00

表 2-11 正交试验设计方案（骨料最大粒径 31.5mm）

试验编号	沥青用量（%）	级配指数 n	填料用量（%）
LJ31.5-1	7.0	0.38	14.0
LJ31.5-2	8.0	0.40	14.0
LJ31.5-3	7.5	0.42	14.0
LJ31.5-4	8.0	0.38	12.0
LJ31.5-5	7.5	0.40	12.0
LJ31.5-6	7.0	0.42	12.0
LJ31.5-7	7.5	0.38	10.0
LJ31.5-8	7.0	0.40	10.0
LJ31.5-9	8.0	0.42	10.0

表 2-12 正交试验设计方案（最大粒径 19mm）

试验编号	沥青用量（%）	级配指数 n	填料用量（%）
LJ19-1	9.0	0.30	14.0
LJ19-2	10.0	0.33	14.0
LJ19-3	9.5	0.36	14.0
LJ19-4	10.0	0.30	12.0
LJ19-5	9.5	0.33	12.0
LJ19-6	9.0	0.36	12.0
LJ19-7	9.5	0.30	10.0
LJ19-8	9.0	0.33	10.0
LJ19-9	10.0	0.36	10.0

2.4.2 浇筑式沥青混凝土试验组质量配合比

根据试验使用的矿质材料的级配情况，进行矿料合成级配的拟合计算，矿料设计级配和矿料合成级配的数值见表 2-13～表 2-30，相应级配曲线如图 2-1～图 2-18 所示。求得各沥青混凝土试验组各项材料的质量配合比见表 2-13～表 2-30。

表 2-13　LJ31.5-1 号配合比矿料级配

矿质材料种类		大石	小石	细石		砂	水泥	矿料级配	
粒级（mm）		＞19～31.5	＞9.5～19	＞4.75～9.5	＞2.36～4.75	＞0.075～4.75	＜0.075	合成值	设计值
合成百分比（%）		17	18	14	10	27	14		
各级筛孔尺寸通过量百分率（%）	31.5	100.00	100.00	100.00	100.00	100.00	100.00	100.00	100.00
	26.5	67.60	100.00	100.00	100.00	100.00	100.00	94.41	93.92
	19.0	0.25	100.00	100.00	100.00	100.00	100.00	82.80	83.28
	16.0	0.13	79.36	100.00	100.00	100.00	100.00	79.13	78.30
	13.2	0.00	40.60	100.00	100.00	100.00	100.00	72.24	73.08
	9.50	0.00	1.74	100.00	100.00	100.00	100.00	65.35	65.01
	4.75	0.00	0.67	0.00	100.00	100.00	100.00	50.97	50.97
	2.36	0.00	0.00	0.00	0.00	100.00	100.00	40.53	40.09
	1.18	0.00	0.00	0.00	0.00	67.47	100.00	31.90	31.82
	0.60	0.00	0.00	0.00	0.00	43.59	100.00	25.57	25.60
	0.30	0.00	0.00	0.00	0.00	11.72	100.00	17.11	20.68
	0.15	0.00	0.00	0.00	0.00	3.36	100.00	14.89	16.90
	0.075	0.00	0.00	0.00	0.00	0.35	100.00	14.09	14.00

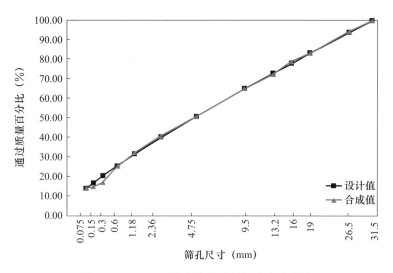

图 2-1　LJ31.5-1 号配合比矿料级配合成曲线

表 2-14　LJ31.5-2 号配合比矿料级配

矿质材料种类		大石	小石	细石		砂	水泥	矿料级配	
粒级（mm）		>19～31.5	>9.5～19	>4.75～9.5	>2.36～4.75	>0.075～4.75	<0.075	合成值	设计值
合成百分比（%）		18	18	14	10	26	14		
各级筛孔尺寸通过量百分率（%）	31.5	100.00	100.00	100.00	100.00	100.00	100.00	100.00	100.00
	26.5	67.60	100.00	100.00	100.00	100.00	100.00	94.22	93.69
	19	0.25	100.00	100.00	100.00	100.00	100.00	82.20	82.71
	16	0.13	79.36	100.00	100.00	100.00	100.00	78.44	77.59
	13.2	0.00	40.60	100.00	100.00	100.00	100.00	71.40	72.25
	9.5	0.00	1.74	100.00	100.00	100.00	100.00	64.37	64.03
	4.75	0.00	0.67	0.00	100.00	100.00	100.00	49.88	49.88
	2.36	0.00	0.00	0.00	0.00	100.00	100.00	39.35	39.06
	1.18	0.00	0.00	0.00	0.00	67.47	100.00	31.11	30.95
	0.6	0.00	0.00	0.00	0.00	43.59	100.00	25.05	24.94
	0.3	0.00	0.00	0.00	0.00	11.72	100.00	16.97	20.25
	0.15	0.00	0.00	0.00	0.00	3.36	100.00	14.85	16.69
	0.075	0.00	0.00	0.00	0.00	0.35	100.00	14.09	14.00

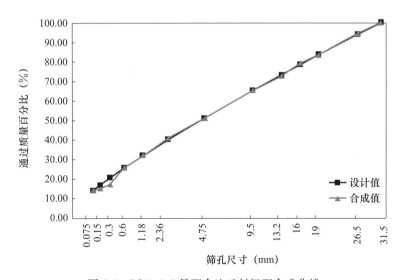

图 2-2　LJ31.5-2 号配合比矿料级配合成曲线

表 2-15　LJ31.5-3 号配合比矿料级配

矿质材料种类		大石	小石	细石		砂	水泥	矿料级配	
粒级（mm）		>19~31.5	>9.5~19	>4.75~9.5	>2.36~4.75	>0.075~4.75	<0.075	合成值	设计值
合成百分比（%）		18	19	14	11	24	14		
各级筛孔尺寸通过量百分率（%）	31.5	100.00	100.00	100.00	100.00	100.00	100.00	100.00	100.00
	26.5	67.60	100.00	100.00	100.00	100.00	100.00	94.02	93.46
	19	0.25	100.00	100.00	100.00	100.00	100.00	81.59	82.13
	16	0.13	79.36	100.00	100.00	100.00	100.00	77.76	76.88
	13.2	0.00	40.60	100.00	100.00	100.00	100.00	70.57	71.42
	9.5	0.00	1.74	100.00	100.00	100.00	100.00	63.39	63.06
	4.75	0.00	0.67	0.00	100.00	100.00	100.00	48.80	48.80
	2.36	0.00	0.00	0.00	0.00	100.00	100.00	38.21	38.06
	1.18	0.00	0.00	0.00	0.00	67.47	100.00	30.34	30.12
	0.6	0.00	0.00	0.00	0.00	43.59	100.00	24.55	24.31
	0.3	0.00	0.00	0.00	0.00	11.72	100.00	16.84	19.84
	0.15	0.00	0.00	0.00	0.00	3.36	100.00	14.81	16.50
	0.075	0.00	0.00	0.00	0.00	0.35	100.00	14.08	14.00

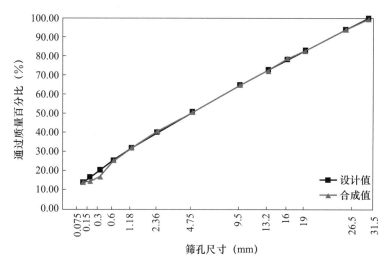

图 2-3　LJ31.5-3 号配合比矿料级配合成曲线

表 2-16 LJ31.5-4 号配合比矿料级配

矿质材料种类		大石	小石	细石		砂	水泥	矿料级配	
粒级（mm）		>19~31.5	>9.5~19	>4.75~9.5	>2.36~4.75	>0.075~4.75	<0.075	合成值	设计值
合成百分比（%）		17	18	14	10	29	12		
各级筛孔尺寸通过量百分率（%）	31.5	100.00	100.00	100.00	100.00	100.00	100.00	100.00	100.00
	26.5	67.60	100.00	100.00	100.00	100.00	100.00	94.41	93.78
	19	0.25	100.00	100.00	100.00	100.00	100.00	82.80	82.90
	16	0.13	79.36	100.00	100.00	100.00	100.00	79.13	77.79
	13.2	0.00	40.60	100.00	100.00	100.00	100.00	72.24	72.46
	9.5	0.00	1.74	100.00	100.00	100.00	100.00	65.35	64.20
	4.75	0.00	0.67	0.00	100.00	100.00	100.00	50.97	49.83
	2.36	0.00	0.00	0.00	0.00	100.00	100.00	41.26	38.70
	1.18	0.00	0.00	0.00	0.00	67.47	100.00	31.74	30.23
	0.6	0.00	0.00	0.00	0.00	43.59	100.00	24.76	23.87
	0.3	0.00	0.00	0.00	0.00	11.72	100.00	15.43	18.84
	0.15	0.00	0.00	0.00	0.00	3.36	100.00	12.98	14.97
	0.075	0.00	0.00	0.00	0.00	0.35	100.00	12.10	12.00

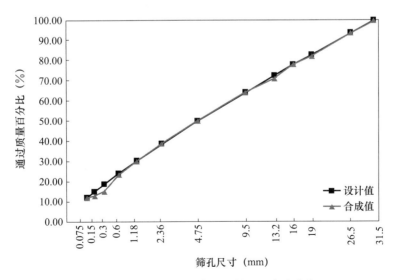

图 2-4 LJ31.5-4 号配合比矿料级配合成曲线

表 2-17 　 LJ31.5-5 号配合比矿料级配

矿质材料种类	大石	小石	细石		砂	水泥	矿料级配	
粒级（mm）	>19~31.5	>9.5~19	>4.75~9.5	>2.36~4.75	>0.075~4.75	<0.075	合成值	设计值
合成百分比（%）	18	18	15	11	26	12		
31.5	100.00	100.00	100.00	100.00	100.00	100.00	100.00	100.00
26.5	67.60	100.00	100.00	100.00	100.00	100.00	94.08	93.55
19	0.25	100.00	100.00	100.00	100.00	100.00	81.79	82.31
16	0.13	79.36	100.00	100.00	100.00	100.00	77.94	77.07
13.2	0.00	40.60	100.00	100.00	100.00	100.00	70.74	71.61
9.5	0.00	1.74	100.00	100.00	100.00	100.00	63.54	63.20
4.75	0.00	0.67	0.00	100.00	100.00	100.00	48.71	48.71
2.36	0.00	0.00	0.00	0.00	100.00	100.00	37.94	37.65
1.18	0.00	0.00	0.00	0.00	67.47	100.00	29.50	29.35
0.6	0.00	0.00	0.00	0.00	43.59	100.00	23.31	23.19
0.3	0.00	0.00	0.00	0.00	11.72	100.00	15.04	18.39
0.15	0.00	0.00	0.00	0.00	3.36	100.00	12.87	14.76
0.075	0.00	0.00	0.00	0.00	0.35	100.00	12.09	12.00

（各级筛孔尺寸通过量百分率（%））

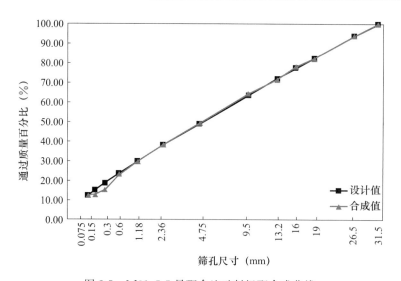

图 2-5 　 LJ31.5-5 号配合比矿料级配合成曲线

表 2-18 LJ31.5-6 号配合比矿料级配

种类	大石	小石	细石		砂	水泥	矿料级配	
粒级（mm）	>19～31.5	>9.5～19	>4.75～9.5	>2.36～4.75	>0.075～4.75	<0.075	合成值	设计值
合成百分比（%）	19	19	15	10	25	12		
各级筛孔尺寸通过量百分率（%） 31.5	100.00	100.00	100.00	100.00	100.00	100.00	100.00	100.00
26.5	67.60	100.00	100.00	100.00	100.00	100.00	93.88	93.31
19	0.25	100.00	100.00	100.00	100.00	100.00	81.17	81.72
16	0.13	79.36	100.00	100.00	100.00	100.00	77.24	76.34
13.2	0.00	40.60	100.00	100.00	100.00	100.00	69.89	70.76
9.5	0.00	1.74	100.00	100.00	100.00	100.00	62.54	62.20
4.75	0.00	0.67	0.00	100.00	100.00	100.00	47.61	47.61
2.36	0.00	0.00	0.00	0.00	100.00	100.00	36.78	36.62
1.18	0.00	0.00	0.00	0.00	67.47	100.00	28.72	28.49
0.6	0.00	0.00	0.00	0.00	43.59	100.00	22.80	22.55
0.3	0.00	0.00	0.00	0.00	11.72	100.00	14.90	17.97
0.15	0.00	0.00	0.00	0.00	3.36	100.00	12.83	14.55
0.075	0.00	0.00	0.00	0.00	0.35	100.00	12.09	12.00

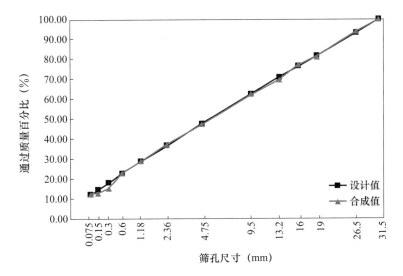

图 2-6 LJ31.5-6 号配合比矿料级配合成曲线

表 2-19 LJ31.5-7 号配合比矿料级配

矿质材料种类	大石	小石	细石		砂	水泥	矿料级配	
粒级（mm）	＞19～31.5	＞9.5～19	＞4.75～9.5	＞2.36～4.75	＞0.075～4.75	＜0.075	合成值	设计值
合成百分比（%）	18	18	15	11	28	10		
各级筛孔尺寸通过量百分率（%） 31.5	100.00	100.00	100.00	100.00	100.00	100.00	100	100.00
26.5	67.60	100.00	100.00	100.00	100.00	100.00	94.17	93.64
19	0.25	100.00	100.00	100.00	100.00	100.00	82.04	82.51
16	0.13	79.36	100.00	100.00	100.00	100.00	78.31	77.29
13.2	0.00	40.60	100.00	100.00	100.00	100.00	71.31	71.83
9.5	0.00	1.74	100.00	100.00	100.00	100.00	64.31	63.38
4.75	0.00	0.67	0.00	100.00	100.00	100.00	49.12	48.69
2.36	0.00	0.00	0.00	0.00	100.00	100.00	38.00	37.30
1.18	0.00	0.00	0.00	0.00	67.47	100.00	28.89	28.65
0.6	0.00	0.00	0.00	0.00	43.59	100.00	22.20	22.14
0.3	0.00	0.00	0.00	0.00	11.72	100.00	13.28	16.99
0.15	0.00	0.00	0.00	0.00	3.36	100.00	10.94	13.04
0.075	0.00	0.00	0.00	0.00	0.35	100.00	10.10	10.00

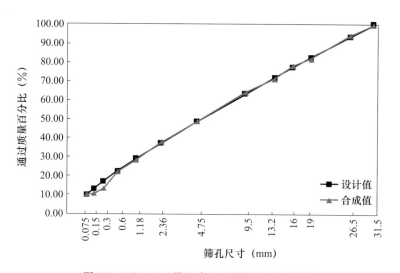

图 2-7 LJ31.5-7 号配合比矿料级配合成曲线

表 2-20　LJ31.5-8 号配合比矿料级配

矿质材料种类	大石	小石	细石		砂	水泥	矿料级配	
粒级（mm）	>19～31.5	>9.5～19	>4.75～9.5	>2.36～4.75	>0.075～4.75	<0.075	合成值	设计值
合成百分比（%）	19	19	15	11	26	10		
各级筛孔尺寸通过量百分率（%）	31.5	100.00	100.00	100.00	100.00	100.00	100.00	100	100.00
	26.5	67.60	100.00	100.00	100.00	100.00	100.00	93.84	93.40
	19	0.25	100.00	100.00	100.00	100.00	100.00	81.05	81.91
	16	0.13	79.36	100.00	100.00	100.00	100.00	77.10	76.54
	13.2	0.00	40.60	100.00	100.00	100.00	100.00	69.71	70.96
	9.5	0.00	1.74	100.00	100.00	100.00	100.00	62.33	62.36
	4.75	0.00	0.67	0.00	100.00	100.00	100.00	47.13	47.54
	2.36	0.00	0.00	0.00	0.00	100.00	100.00	36.00	36.23
	1.18	0.00	0.00	0.00	0.00	67.47	100.00	27.54	27.74
	0.6	0.00	0.00	0.00	0.00	43.59	100.00	21.33	21.45
	0.3	0.00	0.00	0.00	0.00	11.72	100.00	13.05	16.54
	0.15	0.00	0.00	0.00	0.00	3.36	100.00	10.87	12.82
	0.075	0.00	0.00	0.00	0.00	0.35	100.00	10.09	10.00

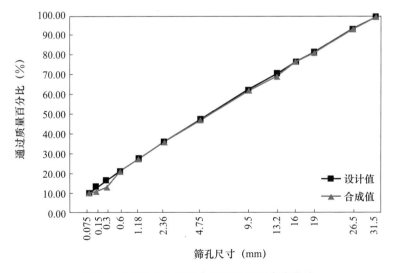

图 2-8　LJ31.5-8 号配合比矿料级配合成曲线

表 2-21　LJ31.5-9 号配合比矿料级配

矿质材料种类	大石	小石	细石		砂	水泥	矿料级配	
粒级（mm）	>19~31.5	>9.5~19	>4.75~9.5	>2.36~4.75	>0.075~4.75	<0.075	合成值	设计值
合成百分比（%）	19	19	15	11	26	10		
31.5	100.00	100.00	100.00	100.00	100.00	100.00	100	100.00
26.5	67.60	100.00	100.00	100.00	100.00	100.00	93.84	93.16
19	0.25	100.00	100.00	100.00	100.00	100.00	81.05	81.30
16	0.13	79.36	100.00	100.00	100.00	100.00	77.10	75.80
13.2	0.00	40.60	100.00	100.00	100.00	100.00	69.71	70.09
9.5	0.00	1.74	100.00	100.00	100.00	100.00	62.33	61.34
4.75	0.00	0.67	0.00	100.00	100.00	100.00	47.13	46.42
2.36	0.00	0.00	0.00	0.00	100.00	100.00	36.00	35.18
1.18	0.00	0.00	0.00	0.00	67.47	100.00	27.54	26.87
0.6	0.00	0.00	0.00	0.00	43.59	100.00	21.33	20.79
0.3	0.00	0.00	0.00	0.00	11.72	100.00	13.05	16.11
0.15	0.00	0.00	0.00	0.00	3.36	100.00	10.87	12.61
0.075	0.00	0.00	0.00	0.00	0.35	100.00	10.09	10.00

（各级筛孔尺寸通过量百分率（%））

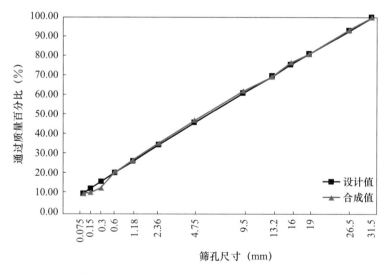

图 2-9　LJ31.5-9 号配合比矿料级配合成曲线

表 2-22　LJ19-1 号配合比矿料级配

矿质材料种类	小石	细石		砂	水泥	矿料级配	
粒级（mm）	>9.5～19	>4.75～9.5	>2.36～4.75	>0.075～4.75	<0.075	合成值	设计值
合成百分比（%）	20	16	12	38	14		
各级筛孔尺寸通过量百分率（%） 19	100.00	100.00	100.00	100.00	100.00	100.00	100.00
16	79.36	100.00	100.00	100.00	100.00	95.87	94.66
13.2	40.60	100.00	100.00	100.00	100.00	88.12	89.01
9.5	1.74	100.00	100.00	100.00	100.00	80.35	80.06
4.75	0.67	0.00	100.00	100.00	100.00	64.13	63.87
2.36	0.00	0.00	0.00	100.00	100.00	52.00	50.61
1.18	0.00	0.00	0.00	67.47	100.00	39.64	39.95
0.6	0.00	0.00	0.00	43.59	100.00	30.56	31.48
0.3	0.00	0.00	0.00	11.72	100.00	18.45	24.41
0.15	0.00	0.00	0.00	3.36	100.00	15.28	18.66
0.075	0.00	0.00	0.00	0.35	100.00	14.13	14.00

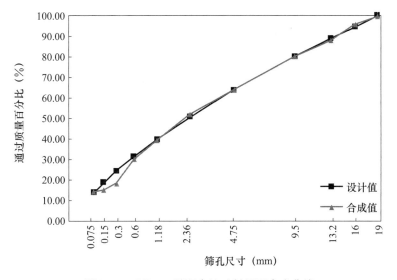

图 2-10　LJ19-1 号配合比矿料级配合成曲线

表 2-23　LJ19-2 号配合比矿料级配

矿质材料种类	小石	细石		砂	水泥	矿料级配	
粒级（mm）	>9.5～19	>4.75～9.5	>2.36～4.75	>0.075～4.75	<0.075	合成值	设计值
合成百分比（%）	21	17	12	36	14		
各级筛孔尺寸通过量百分率（%） 19	100.00	100.00	100.00	100.00	100.00	100.00	100.00
16	79.36	100.00	100.00	100.00	100.00	95.67	94.35
13.2	40.60	100.00	100.00	100.00	100.00	87.53	88.39
9.5	1.74	100.00	100.00	100.00	100.00	79.37	79.04
4.75	0.67	0.00	100.00	100.00	100.00	62.14	62.37
2.36	0.00	0.00	0.00	100.00	100.00	50.00	49.00
1.18	0.00	0.00	0.00	67.47	100.00	38.29	38.47
0.6	0.00	0.00	0.00	43.59	100.00	29.69	30.27
0.3	0.00	0.00	0.00	11.72	100.00	18.22	23.57
0.15	0.00	0.00	0.00	3.36	100.00	15.21	18.24
0.075	0.00	0.00	0.00	0.35	100.00	14.13	14.00

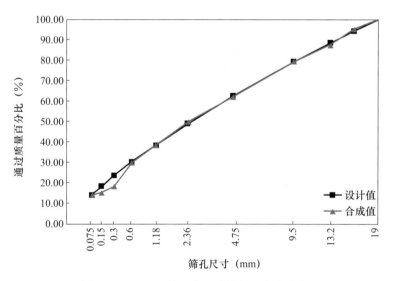

图 2-11　LJ19-2 号配合比矿料级配合成曲线

表 2-24　LJ19-3 号配合比矿料级配

矿质材料种类	小石	细石		砂	水泥	矿料级配	
粒级（mm）	>9.5~19	>4.75~9.5	>2.36~4.75	>0.075~4.75	<0.075	合成值	设计值
合成百分比（%）	22	17	13	34	14		
各级筛孔尺寸通过量百分率（%）19	100.00	100.00	100.00	100.00	100.00	100.00	100.00
16	79.36	100.00	100.00	100.00	100.00	95.46	94.03
13.2	40.60	100.00	100.00	100.00	100.00	86.93	87.76
9.5	1.74	100.00	100.00	100.00	100.00	78.38	78.01
4.75	0.67	0.00	100.00	100.00	100.00	61.15	60.88
2.36	0.00	0.00	0.00	100.00	100.00	48.00	47.42
1.18	0.00	0.00	0.00	67.47	100.00	36.94	37.04
0.6	0.00	0.00	0.00	43.59	100.00	28.82	29.13
0.3	0.00	0.00	0.00	11.72	100.00	17.98	22.79
0.15	0.00	0.00	0.00	3.36	100.00	15.14	17.85
0.075	0.00	0.00	0.00	0.35	100.00	14.12	14.00

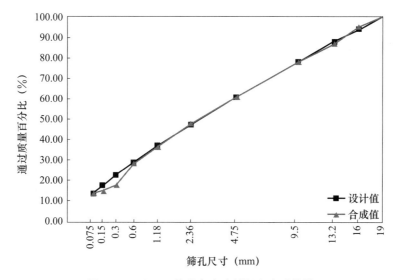

图 2-12　LJ19-3 号配合比矿料级配合成曲线

表 2-25　LJ19-4 号配合比矿料级配

矿质材料种类	小石	细石		砂	水泥	矿料级配	
粒级（mm）	>9.5~19	>4.75~9.5	>2.36~4.75	>0.075~4.75	<0.075	合成值	设计值
合成百分比（%）	20	17	12	39	12		
各级筛孔尺寸通过量百分率（%） 19	100.00	100.00	100.00	100.00	100.00	100.00	100.00
16	79.36	100.00	100.00	100.00	100.00	95.87	94.54
13.2	40.60	100.00	100.00	100.00	100.00	88.12	88.75
9.5	1.74	100.00	100.00	100.00	100.00	80.35	79.60
4.75	0.67	0.00	100.00	100.00	100.00	63.13	63.03
2.36	0.00	0.00	0.00	100.00	100.00	51.00	49.46
1.18	0.00	0.00	0.00	67.47	100.00	38.31	38.55
0.6	0.00	0.00	0.00	43.59	100.00	29.00	29.88
0.3	0.00	0.00	0.00	11.72	100.00	16.57	22.65
0.15	0.00	0.00	0.00	3.36	100.00	13.31	16.77
0.075	0.00	0.00	0.00	0.35	100.00	12.14	12.00

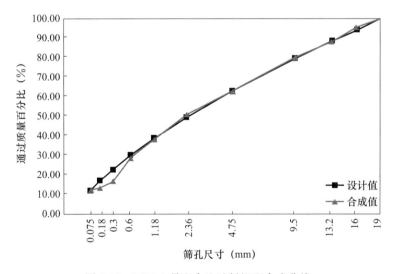

图 2-13　LJ19-4 号配合比矿料级配合成曲线

表 2-26 LJ19-5 号配合比矿料级配

矿质材料种类	小石	细石		砂	水泥	矿料级配	
粒级（mm）	>9.5~19	>4.75~9.5	>2.36~4.75	>0.075~4.75	<0.075	合成值	设计值
合成百分比（%）	22	17	12	37	12		
各级筛孔尺寸通过量百分率（%）	19	100.00	100.00	100.00	100.00	100.00	100.00	100.00
	16	79.36	100.00	100.00	100.00	100.00	95.46	94.22
	13.2	40.60	100.00	100.00	100.00	100.00	86.93	88.12
	9.5	1.74	100.00	100.00	100.00	100.00	78.38	78.55
	4.75	0.67	0.00	100.00	100.00	100.00	61.15	61.49
	2.36	0.00	0.00	0.00	100.00	100.00	49.00	47.81
	1.18	0.00	0.00	0.00	67.47	100.00	36.96	37.04
	0.6	0.00	0.00	0.00	43.59	100.00	28.13	28.65
	0.3	0.00	0.00	0.00	11.72	100.00	16.34	21.79
	0.15	0.00	0.00	0.00	3.36	100.00	13.24	16.34
	0.075	0.00	0.00	0.00	0.35	100.00	12.13	12.00

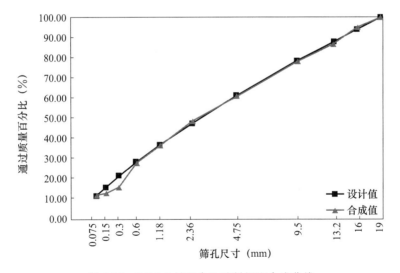

图 2-14 LJ19-5 号配合比矿料级配合成曲线

表 2-27 LJ19-6 号配合比矿料级配

矿质材料种类	小石	细石		砂	水泥	矿料级配	
粒级（mm）	>9.5~19	>4.75~9.5	>2.36~4.75	>0.075~4.75	<0.075	合成值	设计值
合成百分比（%）	23	17	13	35	12		
各级筛孔尺寸通过量百分率（%） 19	100.00	100.00	100.00	100.00	100.00	100.00	100.00
16	79.36	100.00	100.00	100.00	100.00	95.25	93.89
13.2	40.60	100.00	100.00	100.00	100.00	86.34	87.48
9.5	1.74	100.00	100.00	100.00	100.00	77.40	77.50
4.75	0.67	0.00	100.00	100.00	100.00	60.15	59.97
2.36	0.00	0.00	0.00	100.00	100.00	47.00	46.20
1.18	0.00	0.00	0.00	67.47	100.00	35.61	35.58
0.6	0.00	0.00	0.00	43.59	100.00	27.26	27.48
0.3	0.00	0.00	0.00	11.72	100.00	16.10	20.99
0.15	0.00	0.00	0.00	3.36	100.00	13.18	15.94
0.075	0.00	0.00	0.00	0.35	100.00	12.12	12.00

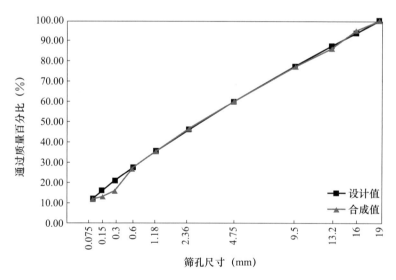

图 2-15 LJ19-6 号配合比矿料级配合成曲线

表 2-28 LJ19-7 号配合比矿料级配

矿质材料种类	小石	细石		砂	水泥	矿料级配	
粒级（mm）	>9.5~19	>4.75~9.5	>2.36~4.75	>0.075~4.75	<0.075	合成值	设计值
合成百分比（%）	21	17	12	40	10		
各级筛孔尺寸通过量百分率（%）　19	100.00	100.00	100.00	100.00	100.00	100.00	100.00
16	79.36	100.00	100.00	100.00	100.00	95.67	94.42
13.2	40.60	100.00	100.00	100.00	100.00	87.53	88.50
9.5	1.74	100.00	100.00	100.00	100.00	79.37	79.14
4.75	0.67	0.00	100.00	100.00	100.00	62.14	62.19
2.36	0.00	0.00	0.00	100.00	100.00	50.00	48.31
1.18	0.00	0.00	0.00	67.47	100.00	36.99	37.16
0.6	0.00	0.00	0.00	43.59	100.00	27.43	28.29
0.3	0.00	0.00	0.00	11.72	100.00	14.69	20.89
0.15	0.00	0.00	0.00	3.36	100.00	11.34	14.88
0.075	0.00	0.00	0.00	0.35	100.00	10.14	10.00

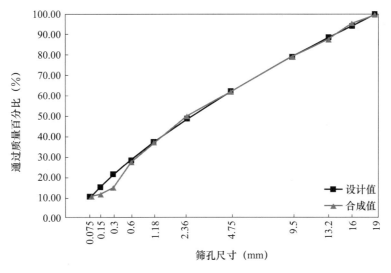

图 2-16 LJ19-7 号配合比矿料级配合成曲线

表 2-29　LJ19-8 号配合比矿料级配

矿质材料种类		小石	细石		砂	水泥	矿料级配	
粒级（mm）		>9.5～19	>4.75～9.5	>2.36～4.75	>0.075～4.75	<0.075	合成值	设计值
合成百分比（%）		22	17	13	38	10		
各级筛孔尺寸通过量百分率（%）	19	100.00	100.00	100.00	100.00	100.00	100.00	100.00
	16	79.36	100.00	100.00	100.00	100.00	95.46	94.09
	13.2	40.60	100.00	100.00	100.00	100.00	86.93	87.85
	9.5	1.74	100.00	100.00	100.00	100.00	78.38	78.07
	4.75	0.67	0.00	100.00	100.00	100.00	61.15	60.62
	2.36	0.00	0.00	0.00	100.00	100.00	48.00	46.63
	1.18	0.00	0.00	0.00	67.47	100.00	35.64	35.61
	0.6	0.00	0.00	0.00	43.59	100.00	26.56	27.03
	0.3	0.00	0.00	0.00	11.72	100.00	14.45	20.02
	0.15	0.00	0.00	0.00	3.36	100.00	11.28	14.44
	0.075	0.00	0.00	0.00	0.35	100.00	10.13	10.00

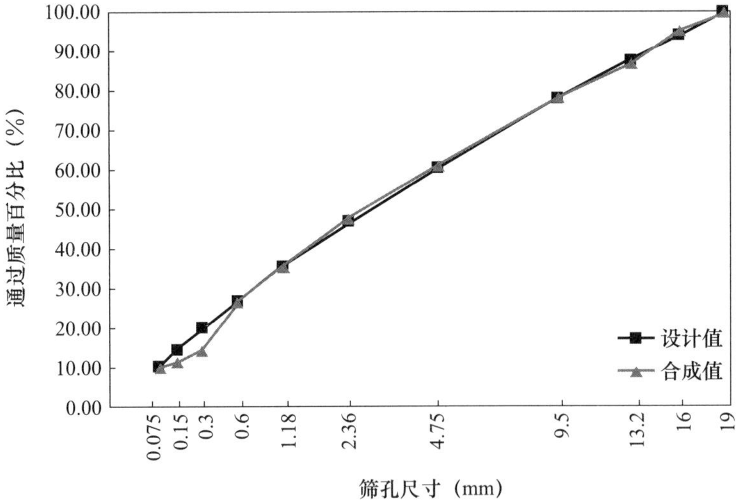

图 2-17　LJ19-8 号配合比矿料级配合成曲线

表 2-30　LJ19-9 号配合比矿料级配

矿质材料种类	小石	细石		砂	水泥	矿料级配	
粒级（mm）	>9.5～19	>4.75～9.5	>2.36～4.75	>0.075～4.75	<0.075	合成值	设计值
合成百分比（%）	23	18	13	36	10		
各级筛孔尺寸通过量百分率（%） 19	100.00	100.00	100.00	100.00	100.00	100.00	100.00
16	79.36	100.00	100.00	100.00	100.00	95.25	93.75
13.2	40.60	100.00	100.00	100.00	100.00	86.34	87.19
9.5	1.74	100.00	100.00	100.00	100.00	77.40	76.99
4.75	0.67	0.00	100.00	100.00	100.00	59.15	59.06
2.36	0.00	0.00	0.00	100.00	100.00	46.00	44.97
1.18	0.00	0.00	0.00	67.47	100.00	34.29	34.11
0.6	0.00	0.00	0.00	43.59	100.00	25.69	25.83
0.3	0.00	0.00	0.00	11.72	100.00	14.22	19.20
0.15	0.00	0.00	0.00	3.36	100.00	11.21	14.03
0.075	0.00	0.00	0.00	0.35	100.00	10.13	10.00

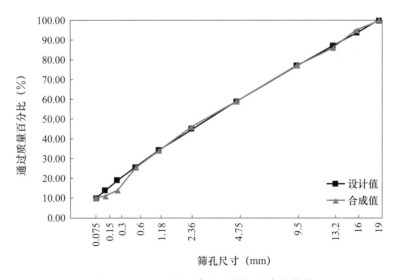

图 2-18　LJ19-9 号配合比矿料级配合成曲线

2.5 马歇尔试验及分析

2.5.1 试件成型方法及试验条件

（1）试件尺寸为：$\phi 101.6\text{mm} \times 63.5\text{mm}$ 的圆柱体试件。

（2）试件成型方法：

马歇尔试验因试件制备简单，操作方法简便，能综合地反映沥青混凝土的力学性质（稳定度和流值指标反映沥青混凝土的强度性能和变形性能），使其成为沥青混凝土配合比设计中的核心试验。

根据《水工沥青混凝土试验规程》（DL/T 5362—2006）规定采用击实法制备沥青混凝土马歇尔试件。但是，现场施工的浇筑式沥青混凝土实际上是靠自重密实成型，因此，击实法虽然能够较好地模拟碾压式沥青混凝土的施工碾压情况，但不能反映浇筑式沥青混凝土现场实际浇筑成型的特点。通过新疆十余座实际工程浇筑式沥青混凝土的试验研究和施工现场调查，认为在制备马歇尔试验试件时，采取静压法（将沥青混合料装入试模内，插捣排气，而后压重不少于 3 分钟，具体压重质量和压重时间可根据试件成型情况确定），更符合浇筑式沥青混凝土心墙在施工时依靠自重密实的特点。

（3）试验温度：

根据《水工沥青混凝土试验规程》（DL/T 5362—2006）规定，测定马歇尔稳定度及流值的试件应置于 $60℃ \pm 1℃$ 恒温水槽中恒温 $30 \sim 40\text{min}$。此试验温度对于碾压式沥青混凝土试件是合适的。但是，通过对浇筑式沥青混凝土试件进行试验发现，在此温度下，由于浇筑式沥青混凝土的沥青含量大，试件会产生较大变形，导致很难正常进行马歇尔试验，并且试验数据离散性较大。根据工程的实际情况，同时考虑施工现场的实验室条件，认为采用 20℃试验温度下进行马歇尔试验简单易行，并且测定的稳定度、流值数值较稳定，有利于沥青混凝土施工质量适时、准确控制。

（4）试验方法：将试件放入 $20℃ \pm 1℃$ 的恒温水槽中恒温 40min，然后将试件装入 20℃恒温的马歇尔试验仪的压头内，并移至试验加压平台上启动加载试验仪器，以 50mm/min 加载速率加载，当荷载达到峰值后自动停机，分别读取试件径向的稳定度及流值。

2.5.2 马歇尔稳定度及流值试验

各试验组根据设计配合比拌制沥青混合料，按照规定的成型方法每个设计配合比制备 6 个马歇尔试件（共 108 个试件），测定所有试件的尺寸、密度、孔隙率、马歇尔稳定度和流值。测定沥青混凝土密度的目的是评价其密实程度，计算沥青混凝土的孔隙率等。沥青混凝土密度的测定方法根据《水工沥青混凝土试验规程》（DL/T 5362—2006）有三种方法：即排水置换法、蜡封排水置换法、量体积法。对于表面密实而不吸水的试件，如孔隙率小于 3‰的马歇尔试件，可采用排水置换法测定密度。对于表面粗糙，吸水率大的沥青混凝土试件应采用蜡封排水置换法或量体积法测定密度。本次试验中的试件满足实验室试件孔隙率应不大于 2‰的要求，故用排水置换法测定试件的毛体积密度，计算试件的孔隙率，为评价沥青混凝土物理技术性能提供依据。骨料最大粒径 31.5mm 和骨料最大粒径 19mm 的马歇尔试验测定结果见表 2-31、表 2-32。

表 2-31　正交试验结果（骨料最大粒径 D_{max} ＝31.5mm）

试验号	密度 g/cm³	孔隙率%	流值 mm	稳定度 kN
LJ31.5-1	2.43	1.47	2.65	19.66
LJ31.5-2	2.41	1.49	2.91	17.52
LJ31.5-3	2.43	1.59	3.32	20.35
LJ31.5-4	2.41	1.72	3.66	18.62
LJ31.5-5	2.42	1.60	3.21	19.68
LJ31.5-6	2.42	1.28	2.52	18.64
LJ31.5-7	2.41	1.66	2.54	18.25
LJ31.5-8	2.41	1.74	2.92	18.98
LJ31.5-9	2.41	1.72	2.62	17.58

表 2-32　正交试验结果（骨料最大粒径 D_{max} ＝19mm）

试验号	密度 g/cm³	孔隙率%	流值 mm	稳定度 kN
LJ19-1	2.35	1.88	3.18	15.94
LJ19-2	2.34	1.52	3.22	14.77
LJ19-3	2.35	1.57	2.97	15.34
LJ19-4	2.33	1.50	3.61	16.42
LJ19-5	2.34	1.59	2.99	15.75
LJ19-6	2.35	1.43	3.18	16.88
LJ19-7	2.33	1.6	3.22	16.93
LJ19-8	2.34	1.43	2.97	17.85
LJ19-9	2.33	1.47	2.90	16.07

2.5.3　试验结果分析

对浇筑式沥青混凝土正交试验方案的马歇尔试验结果，以孔隙率、稳定度、流值为考核指标分别进行方差分析。

方差分析结果见表 2-33～表 2-35 所列。由骨料最大粒径 31.5mm 和骨料最大粒径 19mm 方差分析结果可知，级配指数、矿粉用量、沥青用量三个因素对孔隙率、流值、稳定度三个考核指标均无较大影响，因为本次试验中各因素的水平取值在优化区间且级差较小，对考核指标影响幅度小，试验误差导致因素显著性检验中影响程度降低。由骨料最大粒径 31.5mm 试验所取的因素水平范围内有以下分析结果：级配指数对考核指标影响大小次序为孔隙率→流值→稳定度；填料用量对考核指标影响大小顺序是孔隙率→

稳定度→流值；沥青用量对考核指标影响大小顺序是稳定度→孔隙率→流值。而骨料最大粒径19mm试验所取的因素水平范围的分析结果：级配指数对考核指标影响大小次序为流值→孔隙率→稳定度；填料用量对考核指标影响大小顺序是稳定度→流值→孔隙率；沥青用量对考核指标影响大小顺序是稳定度→流值→孔隙率。

表 2-33 流值方差分析表

方差来源	平方和 S		方差 V		F		显著性		临界值
	$D_{max}=$ 19mm	$D_{max}=$ 31.5mm	$D_{max}=$ 19mm	$D_{max}=$ 31.5mm	$D_{max}=$ 19mm	$D_{max}=$ 31.5mm	$D_{max}=$ 19mm	$D_{max}=$ 31.5mm	
级配指数	0.22	0.06	0.108	0.029	4.27	0.09	不显著	不显著	$F_{0.01}$ (2, 2) $=99.0$
矿粉用量	0.13	0.29	0.063	0.145	2.50	0.44	不显著	不显著	$F_{0.05}$ (2, 2) $=19.0$
油石比	0.07	0.24	0.036	0.121	1.41	0.36	不显著	不显著	$F_{0.10}$ (2, 2) $=9.0$
误差	0.05	0.67	0.025	0.333	—	—	—	—	$F_{0.20}$ (2, 2) $=4.0$
总和	0.46	1.26	—	—	—	—			
粒径19 试验误差 0.16			试验成果的离差系数 5.10						
粒径31.5 试验误差 0.58			试验成果的离差系数 19.72						

表 2-34 稳定度方差分析表

方差来源	平方和 S		方差 V		F		显著性		临界值
	$D_{max}=$ 19mm	$D_{max}=$ 31.5mm	$D_{max}=$ 19mm	$D_{max}=$ 31.5mm	$D_{max}=$ 19mm	$D_{max}=$ 31.5mm	$D_{max}=$ 19mm	$D_{max}=$ 31.5mm	
级配指数	0.21	0.03	0.103	0.015	0.36	0.01	不显著	不显著	$F_{0.01}$ (2, 2) $=99.0$
矿粉用量	3.92	1.36	1.960	0.682	6.84	0.62	不显著	不显著	$F_{0.05}$ (2, 2) $=19.0$
油石比	2.14	3.83	1.068	1.915	3.73	1.73	不显著	不显著	$F_{0.10}$ (2, 2) $=9.0$
误差	0.57	2.21	0.286	1.105	—	—	—	—	$F_{0.20}$ (2, 2) $=4.0$
总和	6.84	7.44	—	—	—	—			
粒径19 试验误差 0.54			试验成果的离差系数 3.30						
粒径31.5 试验误差 1.05			试验成果的离差系数 5.60						

表 2-35 孔隙率方差分析表

方差来源	平方和 S		方差 V		F		显著性		临界值
	$D_{max}=$ 19mm	$D_{max}=$ 31.5mm	$D_{max}=$ 19mm	$D_{max}=$ 31.5mm	$D_{max}=$ 19mm	$D_{max}=$ 31.5mm	$D_{max}=$ 19mm	$D_{max}=$ 31.5mm	
级配指数	0.05	0.01	0.025	0.007	1.32	0.22	不显著	不显著	$F_{0.01}$ (2, 2) $=99.0$
矿粉用量	0.05	0.07	0.024	0.033	1.22	1.03	不显著	不显著	$F_{0.05}$ (2, 2) $=19.0$
油石比	0.02	0.04	0.008	0.018	0.39	0.57	不显著	不显著	$F_{0.10}$ (2, 2) $=9.0$
误差	0.04	0.06	0.019	0.032					$F_{0.20}$ (2, 2) $=4.0$
总和	0.15	0.18	—	—	—	—	—	—	—
粒径 19 试验误差 0.14			试验成果的离差系数 25.09						
粒径 31.5 试验误差 0.18			试验成果的离差系数 30.70						

由上述试验结果及分析可知，根据骨料最大粒径 31.5mm 和 19mm，共 18 个试验组沥青混凝土的技术指标均可以达到规范要求。方差分析的观点认为，只需选择显著的因素，原则上不显著的因素可选择在试验范围内的任意一个水平。本试验中各因素对考核指标影响均不十分明显，综合考虑，浇筑式沥青混凝土配合比的配合比参数分别是：$D_{max}=31.5$mm（D_{max}即骨料最大粒径），矿料级配指数 $n=0.42$，填料用料 14%，沥青用量为 7.5%（LJ31.5-3 号配合比）。$D_{max}=19$mm，矿料级配指数 $n=0.33$，填料用料 10.0%，沥青用量为 9.0%，（LJ19-8 号配合比），进行复演马歇尔试验。

2.5.4 复演马歇尔试验

按照上述的配合比参数，制备试件，重复马歇尔试验。试验温度采用 20℃，在这种环境温度中马歇尔试验简单易行，测定的稳定度和流值较稳定，同时有利于沥青混凝土施工的控制，结果见表 2-36。试验组 LJ31.5-11 号配合比与试验组 LJ31.5-3 号相同，只是试验温度定为 40℃。而试验组 LJ19-12 号采用碾压击实成型优选出的最优配合比。试验温度也定为 40℃，进行对比结果见表 2-36。

表 2-36 沥青混凝土复演试验结果汇总

试验组号	级配指数	填料含量（%）	沥青用量（%）	实测密度平均值（g/cm³）	实测密度最大值（g/cm³）	孔隙率（%）	稳定度（kN）	流值（0.1mm）	试验温度（℃）
LJ31.5-3	0.42	10	7.5	2.41	2.43	1.03	20.65	3.51	20
LJ19-8	0.33	10	9.0	2.32	2.35	1.19	17.21	3.06	20
LJ31.5-11	0.42	10	7.5	2.40	2.43	1.11	6.65	8.77	40
LJ19-12	0.42	10	6.3	2.44	2.43	1.30	8.47	4.28	40

注：试验组 LJ31.5-3，LJ19-8，LJ31.5-11 均采用浇筑式静压成型法（12.5kg，静压 3min），LJ19-12 号采用碾压击实成型。

（1）由以上试验结果我们可以看出，骨料最大粒径 31.5mm 的沥青用量比目前给出的规范推荐范围（沥青含量 9%～13%）小，沥青用量转化为沥青含量，沥青含量只有 6.98%，介于碾压式沥青混凝土与浇筑式沥青混凝土沥青含量范围之间。主要是由于粗骨料所占比例较大，比表面积小，并且天然砂砾料经过长期的河床冲刷，表面非常光滑，所占毛孔细管要少，吸油量小。所以，骨料最大粒径 31.5mm 的沥青用量较少。

（2）由表 2-36 我们可以看出试验组 LJ31.5-3 号的密实程度大于试验组 LJ19-8 号，其接近于 LJ19-12 号碾压式沥青混凝土密度。由此可知粒径 31.5 的级配较好，骨架更加密实。

（3）由表 2-34 可以看出，骨料最大粒径 31.5mm 的稳定度在 17.52～20.35，而骨料最大粒径 19mm 的稳定度在 14.77～17.85。而由优选后的配合比复演试验表 2-36 可得试验组 LJ31.5-3 号稳定度比试验组 LJ19-8 号要大，接近于 20%。因为沥青混凝土属于胶凝结构，对于这种结构随着固体颗粒（骨料）之间液相薄层（沥青）的厚度减少，其胶凝结构更加坚固。同时由于沥青混合料中粗骨料所占比例较多，颗粒之间主要以嵌挤力和内摩阻力为主。根据伊万诺夫等人的研究，砂粒沥青混凝土的内摩阻角约为 30°，细粒式、中粒式和粗粒式沥青混凝土的内摩阻角可依次递增 3°左右，即混合料颗粒的粒径愈大，内摩阻角愈大。因此，骨料粒径 31.5mm 的稳定度较大。

（4）表 2-36 中试验组 LJ31.5-11 与试验组 LJ19-12 号相比：LJ31.5-11 号的稳定度比 LJ19-12 号稳定度小 21.5%，而流值是 LJ19-12 号的 2.05 倍。沥青用量 LJ31.5-11 号比 LJ19-12 号多 1.2 个百分点，流值偏大主要还是沥青所占主导因素。因为沥青在混合料中起到两种作用，其一是黏结作用，其二不利的作用是沥青混凝土被破坏时起到润滑作用；同时 40℃的试验环境接近沥青软化点，此时骨料之间易滑动，流值偏大。

2.6　浇筑式沥青混凝土施工温度的控制

沥青是个温度敏感性材料，浇筑温度的高低，直接影响到浇筑式沥青混凝土的密实度。温度越高，沥青的黏度（对于流动的抵抗能力）就越小。为了保证沥青混凝土浇筑时的流动性，需要沥青混凝土有足够高的浇筑温度。但温度过高，导致沥青混凝土的黏度过小，使其流动性能大大增加，容易发生离析现象；并且沥青温度过高，可能使沥青老化，严重影响浇筑式沥青混凝土心墙的物理力学性质，危害大坝安全。温度过低，则沥青混凝土不易密实，影响密实度，孔隙率达不到《土石坝沥青混凝土面板和心墙设计规范》（SL 501—2010）要求。

对表 2-1 所述新疆各工程施工现场进行调研，发现个别工程出现因施工温度过高导致浇筑式沥青混凝土心墙出现离析的现象。通过新疆各实际工程的室内配合比设计试验及现场浇筑试验发现，浇筑式沥青混凝土只有在一定的温度区间内浇筑施工，才能获得最好的压实效果。并且发现不同标号的沥青，浇筑温度区间不同：标号较高的沥青流动性较强，其浇筑温度较低；标号较低的沥青流动性较差，其浇筑温度较高。通过新疆几座浇筑式沥青混凝土心墙坝的现场浇筑试验发现，合适的浇筑温度区间为：采用克拉玛依 70 号（A 级）道路石油沥青的出机温度一般不高于 170℃，入仓温度不高于 160℃；

采用克拉玛依 90 号（A 级）道路石油沥青的出机温度不高于 165℃，入仓温度不高于 150℃。

参考文献

［1］　中华人民共和国水利部．土石坝沥青混凝土面板和心墙设计规范：SL 501—2010［S］．北京：中国水利水电出版社，2010.

［2］　CASTRO M，SANCHEZ J A. Estimation of asphalt concrete fatigue curves-a damage theory approach［J］. Construction and Building Materials，2008，22（6）：1232-1238.

［3］　邓铭江，于海鸣．新疆坝工建设进展［M］．北京：中国水利水电出版社，2011：56-78.

［4］　邓铭江，于海鸣，李湘权．新疆坝工技术进展［J］．岩土工程学报，2010，32（11）：1680-1687.

［5］　李家正．水工混凝土材料研究进展综述［J］．长江科学院院报，2022，39（5）：1-9.

［6］　丁朴荣．水工沥青混凝土材料选择与配合比设计［M］．北京：水利水电出版社，1990.

［7］　丁朴荣，孙振天，王为标．水工沥青混凝土配合比的设计问题［J］．水利学报，1991（1）：19-27.

3 浇筑式沥青混凝土基本性能试验研究

3.1 浇筑式沥青混凝土压缩试验研究

3.1.1 压缩试验

（1）试件成型方法：在 $\phi100mm$ 的成型试模中分层装料，每层 50mm，用 10kg 荷重静压 1min（静压时间可适当延长，以试件的密度达到马歇尔试件密度的 $\pm1\%$ 为准），试件成型后冷却直到常温后再进行脱模工作。

（2）试件尺寸：直径 100mm，高 100mm 的圆柱体试件。

（3）试验温度：试压前，试件必须放置在试验所需要温度的恒温水槽中不得少于 4h，试验温度为心墙的平均工作温度 10℃。

（4）试验加载速率：1.0mm/min。

（5）试验设备：沥青混凝土压缩试验在北京仪器制造有限公司制造 DT-227 型路面材料强度试验机上进行，该机的一体式控制系统采用高速双 CPU 设计，配备压力传感器、双路位移传感器；可以高速自动记录数据。试验设备如图 3-1 所示。

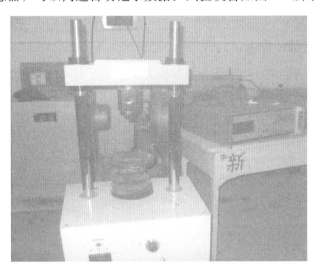

图 3-1　路面材料强度试验机

（6）试验方案：基于优化试验组 LJ31.5-3 及 LJ19-8 配合比，进行浇筑式沥青混凝土压缩试验，研究材料的应力、应变及压缩变形模量。

抗压强度、试件最大应力时的应变的计算公式为

$$R_c = \frac{P}{A} \tag{3-1}$$

$$\varepsilon = \frac{\delta}{h} \tag{3-2}$$

式中　R_c——抗压强度，MPa；

　　　ε——试件最大应力时的应变，%；

　　　P——试件受压时的最大荷载，N；

　　　A——试件受压面积，mm^2；

　　　h——试件高度，mm；

　　　δ——荷载最大时的垂直变形，mm。

3.1.2　试验结果及分析

（1）骨料最大粒径 31.5mm

根据试验方案，制备浇筑式沥青混凝土试件（图 3-2），进行压缩试验，试验结果见表 3-1。根据试验数据绘制应力-应变曲线，分别如图 3-3～图 3-5 所示。因为 σ 与 E 之间呈曲线关系，则试件的变形模量按式（3-3）计算。

$$E_c = \frac{\sigma_{0.5P_c} - \sigma_{0.1P_c}}{\varepsilon_{0.5P_c} - \varepsilon_{0.1P_c}} \tag{3-3}$$

式中　　　E_c——受压变形模量，MPa；

$\sigma_{0.5P_c}$、$\sigma_{0.1P_c}$——对应于 $0.5P_c$、$0.1P_c$ 时的压应力，MPa；

$\varepsilon_{0.5P_c}$、$\varepsilon_{0.1P_c}$——对应于 $0.5P_c$、$0.1P_c$ 时的压应变，%。

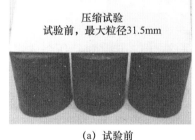 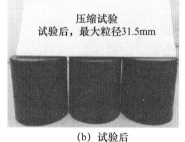

（a）试验前　　　　　　　　　　　　（b）试验后

图 3-2　压缩试件

表 3-1　试验组 LJ31.5-3 号配合比压缩试验结果

试件编号	密度（g/cm^3）	孔隙率（%）	抗压强度 R_c（MPa）	最大压应力时的应变（%）	压缩变形模量（MPa）
YS3-1	2.41	1.32	1.80	5.71	62.03
YS3-2	2.41	1.08	1.68	5.23	82.29
YS3-3	2.40	1.22	1.94	5.55	76.71
平均值	2.41	1.21	1.81	5.50	73.68

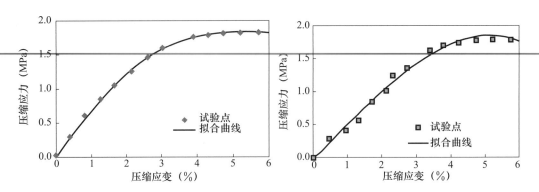

图 3-3　YS3-1 沥青混凝土抗压应力-应变曲线　　图 3-4　YS3-2 沥青混凝土抗压应力-应变曲线

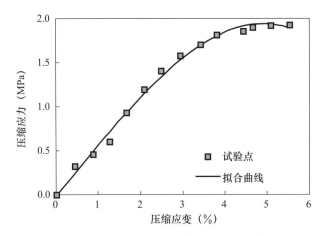

图 3-5　YS3-3 沥青混凝土抗压应力-应变曲线

（2）骨料最大粒径 19mm

根据试验方案，制备浇筑式沥青混凝土试件（图 3-6），进行压缩试验，试验结果见表 3-2。根据试验数据绘制应力-应变曲线，分别如图 3-7～图 3-9 所示。

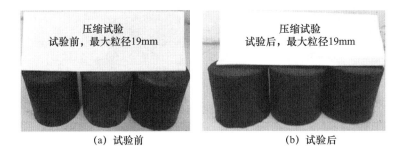

图 3-6　压缩试件

表 3-2　试验组 LJ19-8 号配合比压缩试验结果

试件编号	密度（g/cm³）	孔隙率（%）	抗压强度 R_c（MPa）	最大压应力时的应变（%）	压缩变形模量（MPa）
YS8-1	2.35	0.82	1.32	6.43	30.97
YS8-2	2.35	0.56	1.40	7.80	32.5
YS8-3	2.34	1.22	1.38	7.87	33.83
平均值	2.35	0.87	1.36	7.36	32.43

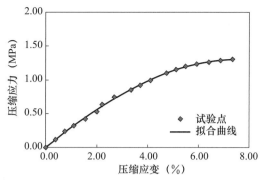

图 3-7　YS8-1 沥青混凝土抗压应力-应变曲线

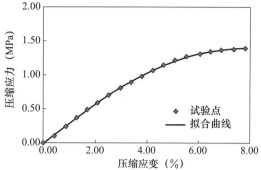

图 3-8　YS8-2 沥青混凝土抗压应力-应变曲线

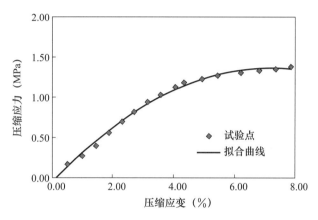

图 3-9　YS8-3 沥青混凝土抗压应力-应变曲线

（3）试验结果分析

由表 3-1 和表 3-2 可知，最大粒径为 31.5mm 的试件其最大抗压强度明显大于最大粒径为 19mm 的试件，最大抗压强度大约为 33.1%。最大粒径为 19mm 的试件其最大应力对应的变形大于最大粒径为 31.5mm 的试件。由图 3-3～图 3-5 也可以看出，最大粒径 31.5mm 的压缩应力增长速度明显要快，同样是在压缩应变值 4% 时，最大粒径 31.5mm 的接近于试验峰值，而最大粒径 19mm 的压缩应力增长速度较缓，峰值出现并不明显，并且所测试验点也较多。

分析其试验结果，主要是由于沥青混合料属于胶凝结构，按照胶凝结构强度理论，固体颗粒之间的液相薄层厚度越薄，相互作用的分子力越大。骨料最大粒径为 31.5mm 的沥青用量较少，沥青薄层较薄，结构沥青所占比例较大。因此沥青混合料中最大粒径为 31.5mm 的抗压强度大，而最大粒径 19mm 的沥青用量为 9%，初始压缩阶段，压缩应力增长缓慢，是因为富余沥青较多，初始主要是依靠沥青的黏结力，当压缩应力达到一定值时富余沥青被挤开，此时骨料的骨架作用才体现出来。骨料最大粒径 31.5mm 的级配指数为 0.42，粗骨料占有比例较大，因此，骨料之间的嵌挤力、内摩阻力起主要作用，而沥青混合料之间的黏结力起到辅助作用。而骨料最大粒径 19mm 的与此相反，黏结力为主，嵌挤力、内摩阻力为辅。

3.2 浇筑式沥青混凝土水稳定性试验研究

沥青混凝土的水稳定性是指沥青混凝土长期在水环境中抵抗水损害的能力。水工沥青混凝土的水稳定性一般以抗压强度为依据。

3.2.1 试验方案

沥青混凝土防渗墙处于坝体内部，并未受到阳光的直射，所以，不必考虑紫外线对沥青产生的老化的问题。新疆地区坝体内部常年平均温度为 10℃ 且不受冰冻等恶劣气候的影响，因此，影响沥青混凝土防渗墙的重要因素只有水侵蚀。由于其长期处于水侵蚀当中，因此，提出水稳定性指标用于衡量沥青混凝土防渗墙对水的抗侵蚀能力。

沥青混凝土水稳定性试验方法如下：把相同条件下制备好的 6 个抗压试件分成两组，每组 3 个试件，分别测定其密度和孔隙率。第一组试件放在 20℃±1℃ 的空气中不少于 48h；第二组试件先放入真空干燥器中，关闭进水胶管，开动真空泵，使干燥器的真空度达到 98.3kPa 以下，维持 15min，然后打开进水胶管，靠负压进入冷水流使试件完全浸泡入水中，放入水中 15min 后恢复到常压然后取出试件再放入 20℃±1℃ 的恒温水箱中恒温，恒温时间为 48h，对两组试件分别进行抗压强度测定试验（试验温度为 20℃），两组试件抗压强度的比值即为水稳定系数，即

$$K_\mathrm{w} = \frac{R_2}{R_1} \tag{3-4}$$

式中 K_w——水稳定系数；

R_1——第一组试件抗压强度的平均值，MPa；

R_2——第二组试件抗压强度的平均值，MPa。

3.2.2 试验结果及分析

（1）骨料最大粒径 31.5mm

根据试验方案，对浇筑式混凝土进行水稳定性试验。骨料最大粒径为 31.5mm 的浇筑式混凝土水稳定性试件如图 3-10、图 3-11 所示。试验结果见表 3-3，试验压缩应力-应变曲线如图 3-12～图 3-17 所示。

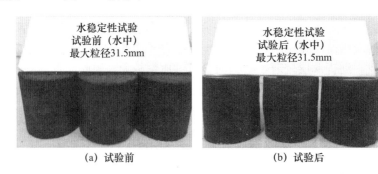

图 3-10 水稳定性试验试件（水中）

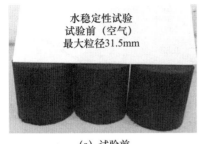 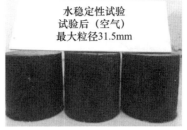

(a) 试验前   (b) 试验后

图 3-11   水稳定性试验试件（空气中）

表 3-3   沥青混凝土水稳定性试验成果（骨料最大粒径 31.5mm）

	试件编号	密度（g/cm³）	孔隙率（%）	最大抗压强度 σ_{max}（MPa）	σ_{max}（MPa）平均值	水稳定系数 K_w
浸水	SW3-1	2.42	0.85	1.07	1.04	0.95
	SW3-2	2.41	1.03	1.01		
	SW3-3	2.41	1.21	1.04		
空气	SW3-4	2.41	1.13	1.06	1.09	
	SW3-5	2.42	0.82	1.13		
	SW3-6	2.41	1.09	1.09		

从表 3-3 中可以看出，骨料最大粒径 31.5mm 的配合比水稳定系数满足设计要求。

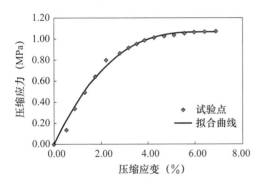

图 3-12   SW3-1 沥青混凝土水稳定性
试验应力-应变曲线（水中）

图 3-13   SW3-2 沥青混凝土水稳定性
试验应力-应变曲线（水中）

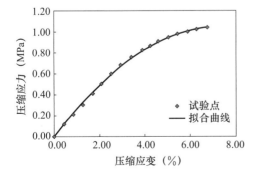 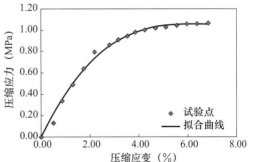

图 3-14   SW3-3 沥青混凝土水稳定性
试验应力-应变曲线（水中）

图 3-15   SW3-4 沥青混凝土水稳定性
试验应力-应变曲线（空气中）

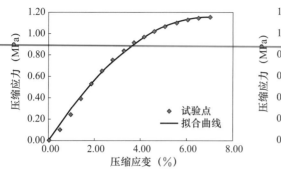
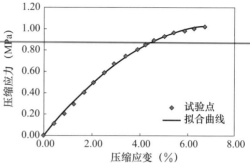

图 3-16　SW3-5 沥青混凝土水稳试验
　　　应力-应变曲线（空气中）

图 3-17　SW3-6 沥青混凝土水稳试验
　　　应力-应变曲线（空气中）

（2）骨料最大粒径 19mm

骨料最大粒径为 19mm 的浇筑式混凝土水稳定性试件如图 3-18、图 3-19 所示。试验结果见表 3-4，试验压缩应力-应变曲线如图 3-20～图 3-25 所示。

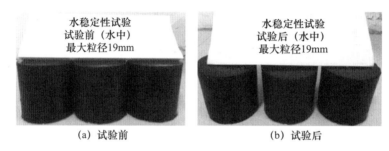

图 3-18　水稳定性试验试件（水中）

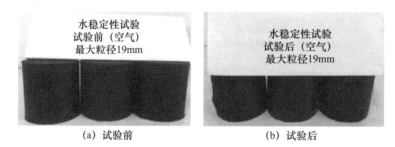

图 3-19　水稳定性试验试件（空气中）

表 3-4　沥青混凝土水稳定试验成果（骨料最大粒径 19mm）

	试件编号	密度（g/cm³）	孔隙率（%）	最大抗压强度 σ_{max}（MPa）	σ_{max}（MPa）平均值	水稳定系数 K_w
浸水	SW8-1	2.34	1.13	0.73	0.73	0.97
	SW8-2	2.34	1.29	0.72		
	SW8-3	2.35	0.75	0.73		
空气	SW8-4	2.41	1.13	0.76	0.75	
	SW8-5	2.42	0.82	0.76		
	SW8-6	2.41	1.09	0.74		

从 3-4 表中可以看出，该配合比的沥青混凝土的水稳定系数满足所需要求。

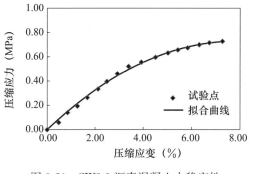

图 3-20 SW8-1 沥青混凝土水稳定性
试验应力-应变曲线（水中）

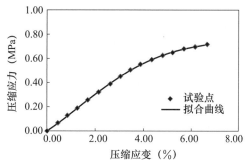

图 3-21 SW8-2 沥青混凝土水稳定性
试验应力-应变曲线（水中）

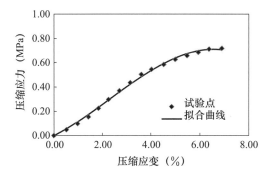

图 3-22 SW8-3 沥青混凝土水稳定性
试验应力-应变曲线（水中）

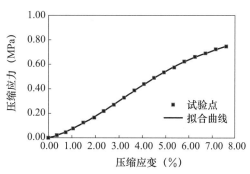

图 3-23 SW8-4 沥青混凝土水稳定性
试验应力-应变曲线（空气）

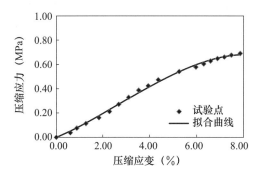

图 3-24 SW8-5 沥青混凝土水稳试验
应力-应变曲线（空气中）

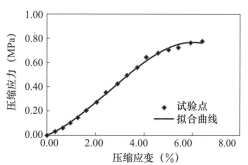

图 3-25 SW8-6 沥青混凝土水稳试验
应力-应变曲线（空气中）

由以上分析可知，两组试验水稳定性均满足设计要求。同时对比以上的试验结果，发现：沥青用量越高，沥青混凝土抗压强度越低，水稳定性系数越大；反之，沥青混凝土抗压强度越高，水稳定性系数越小。

3.2.3　水稳定性试验方法的探讨

通常采用《水工沥青混凝土试验规程》（SL 352—2020）中的方法进行沥青混凝土水稳定性试验。试验规程中的试件成型方法及试件浸泡温度并不适用于沥青用量较大的浇筑式沥青混凝土。考虑到浇筑式沥青混凝土依靠自重密实及在高温下易变形的特点，采用静压法成型试件，并将浸泡温度下降为20℃。有研究指出，温度越高，渗透速率越快，将浸泡温度下降为20℃势必影响水稳定性试验的渗透速率。为提高渗透速率，对浸泡试件采取抽气饱和，使试件内部产生负压，水分容易渗透。

《土石坝沥青混凝土面板和心墙设计规范》（SL 501—2010）[1]要求，水稳定性系数$K_w \geqslant 0.9$。

新疆各牧区水库浇筑式沥青混凝土心墙坝大部分使用天然砂砾石作浇筑式沥青混凝土心墙的粗、细骨料。各工程的骨料组成成分及水稳定系数见表3-5。

表3-5　各工程骨料组成及水稳定系数

工程名称	沥青用量（%）	骨料组成	水稳定系数
也拉曼水库	9.0	少量凝灰岩，大量石英岩、砂岩	1.03
东塔勒德水库	9.0	以凝灰岩为主，少量砂岩、花岗岩、石英岩	0.95
麦海英水库	9.3	以凝灰岩为主，少量花岗岩	1.08
阿勒腾也木勒水库	9.0	以凝灰岩、砂岩为主，少部分花岗岩	0.96
乌克塔斯水库	9.3	石灰石	0.99

由表3-5可以看出，无论以石灰石为骨料还是以天然砂砾石为骨料，浇筑式沥青混凝土在浸泡温度为20℃的情况下，水稳定系数均大于0.9，在1.00左右。这是由于浇筑式沥青混凝土的沥青用量高，矿料间的孔隙完全被沥青填筑，属于几乎无孔隙的沥青混凝土，这类沥青混凝土的防渗性能好。在20℃的水中浸泡48h，水分很难进入沥青与骨料的接触面造成水损害。因此，在20℃水中浸泡48h，无法准确评定浇筑式沥青混凝土的水稳定性。

为提高渗透速率、延长渗透时间，考虑到浇筑式沥青混凝土试件在高温下容易变形的缺陷，特采取不脱模浸泡，将浸泡温度提高至80℃，并延长浸泡时间到48h、120h、240h。具体试验方法如下：

（1）用静压法制备试件。

（2）将一组试件脱模，放入20℃±1℃空气中不同时间（48h、120h、240h），测出试件尺寸、孔隙率；另一组试件不脱模放入80℃±1℃水中浸泡不同时间（48h、120h、240h），冷却至室温脱模，然后移至20℃±1℃水中不少于4h，测定试件尺寸、孔隙率。

（3）进行抗压强度试验，得出不同浸泡时间的水稳定系数。

试验采用上述工程中酸性骨料最多的工程所用的粗、细骨料。填料选用 P·O 42.5 水泥作填料。沥青选用克拉玛依石化公司生产的70（A级）道路石油沥青。

试验得出的水稳系数见表3-6。

表 3-6　水稳定系数结果表

试验条件	80℃浸泡48h	80℃浸泡120h	80℃浸泡240h
水稳定系数	1.06	1.07	1.07

由表 3-6 可以看出，在高温下浸泡不同时间，以天然砂砾石为骨料的浇筑式沥青混凝土的水稳定系数也均大于 0.9。但此时的水稳定系数与以石灰石为骨料的浇筑式沥青混凝土在 20℃浸泡条件下的水稳定系数几乎相同。原因在于浇筑式沥青混凝土自由沥青多，孔隙率很小，使其在 80℃水中浸泡 240h，水分依然很难进入沥青混凝土内部造成水损害。

通过试验可以看出，浇筑式沥青混凝土密实度大、孔隙率小，自由沥青多，在短期内，水分很难渗透到沥青与骨料的接触面，使其发生水损害。由于沥青的蠕变特性，使浇筑式沥青混凝土在较长时间的浸泡或静置条件下会产生试件变形。如何综合考虑浇筑式沥青混凝土在高温、长期下的变形问题及水分在短期内难以渗透至试件内部的问题，找出适合于浇筑式沥青混凝土的水稳性试验方法还有待进一步研究和探讨。

3.3　沥青与骨料的黏附性试验研究

在浇筑式沥青混凝土的水稳定性不易判断的情况下，应选择与沥青黏附性好的骨料，提高其水稳定性，因此研究骨料与沥青的黏附性就显得尤为重要。

3.3.1　黏附性理论

对沥青与骨料黏附性的研究，形成了四种黏附理论[2-4]：机械黏附理论、极性吸附理论、表面能理论和化学反应理论。

（1）机械黏附理论认为，沥青与骨料之间的黏附力主要是来自骨料与沥青的机械结合力。骨料表面存在许多细小孔隙和裂缝，这种粗糙的表面增加了骨料的表面积，使沥青与骨料的黏结面积增大，提高了两者之间的黏结力。此外，孔隙的形状、大小不同，沥青渗入骨料的孔隙与裂缝，当温度降低后，沥青在孔隙中硬化，这种锚固作用增强了沥青与骨料之间的机械结合力。

（2）极性吸附理论认为，沥青与骨料的黏附性是由于沥青中的表面活性物质对骨料表面的定向吸附造成的。沥青在骨料表面首先发生极性分子的定向排列，形成吸附层。然后极性力场中的非极性分子由于得到极性的感应而定向排列，从而构成致密的表面吸附层。

（3）表面能理论认为，沥青与骨料的粘附性是由于沥青湿润骨料表面形成的，沥青的湿润能力与自身的黏结力有关。骨料表面的质点，只从一面受到内部质点的吸引，使表面存在未平衡质点，相当于表面有一定数量的自由能。沥青由于裹附在骨料表面，降低表面自由能，从而能够紧密地吸附在骨料表面。

（4）化学反应理论认为，沥青与骨料之间的黏附性主要来自沥青与骨料表面发生的化学反应。研究发现，沥青的酸性组分多于碱性组分，所以沥青易与碱性骨料发生化学反应，产生较强的化学键结合力。酸性骨料缺乏碱活性中心，较少发生化学反应，所以与沥青黏附性较差。

骨料与沥青黏附能力的强弱主要取决于两者是否发生化学反应，形成化学吸附。化学相互作用力的强度远超过分子作用力。因此，当沥青与骨料形成化学吸附层时，相互间的黏附力远远大于物理吸附时的黏附力，且所制成的沥青混凝土水稳定性好。

3.3.2 沥青与粗骨料的黏附性试验

粗骨料与沥青的黏附性试验是根据《水工沥青混凝土试验规程》（SL 352—2020）中的水煮法进行的。试验规程要求水煮时间为 3min。

对新疆各实际工程的粗骨料进行黏附性试验，得出各工程中不同岩性粗骨料与沥青的黏附性等级，见表 3-7。

表 3-7　粗骨料与沥青的黏附性

骨料类型	沥青膜剥落情况	黏附性等级
石英岩	沥青膜保存很好，有少许脱落	5
砂岩	沥青膜保存很好，有少许脱落	5
凝灰岩	沥青膜保存完好	5
花岗岩	沥青膜有少许脱落，但剥落面积少于 10%	4
石灰石	沥青膜完好	5

从表中可以看出，在水煮时间为 3min 时，各种粗骨料与沥青的黏附性等级十分接近，很难评定好坏。

为了能够充分表现出不同岩性骨料与沥青黏附性的差异，分别将水煮时间延长到 5、10、15min。试验具体步骤如下：

（1）筛取粒径 13.2~19.0mm 形状接近立方体的骨料颗粒。天然砂砾料由不同岩性的卵石组成，因此每种岩性的岩石各取 5 个颗粒，将骨料颗粒洗净、烘干、取出冷却至室温备用。

（2）将沥青加热至 130~150℃，保持温度备用。

（3）将骨料放入 105℃±5℃的烘箱内烘 1h。

（4）将骨料颗粒浸入预先加热好的沥青中 45s，使骨料表面完全被沥青包裹。

（5）将裹覆沥青的骨料颗粒悬挂于试验架上，在室温下冷却 15min。

（6）将冷却后的颗粒浸入装有微沸水的烧杯中，保持烧杯中的水为微沸状态。

（7）浸煮 15min，且每 5min 观察骨料颗粒表面沥青膜的剥落程度。

沥青膜随水煮时间的剥落情况如图 3-26 所示。

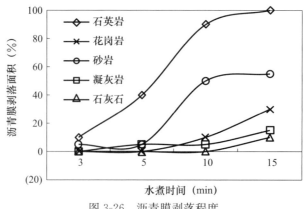

图 3-26　沥青膜剥落程度

从图 3-26 中可以看出，水煮时间为 3min 时，各种岩石的沥青膜剥落面积都很小；石英岩在水煮超过 3min 以后沥青膜剥落面积急剧增加，到 15min 时全部剥落。花岗岩和砂岩在水煮 5min 后，沥青膜的剥落面积急剧增大；凝灰岩的沥青膜剥在水煮 10min 后剥落面积也急剧增大。石灰石作为碱性骨料，与沥青的黏附性最好，沥青膜的剥落面积在前 10min 几乎为零，在水煮 15min 后也仅剥落了 10% 左右。

由此次试验可以看出，不同岩性的粗骨料与沥青的黏附性好坏不同。碱性骨料（石灰石）与沥青的黏附性最好，酸性骨料与沥青的黏附性差。《水工沥青混凝土试验规程》（SL 352—2020）中规定的 3min 水煮时间太短，难以反映出不同岩性的粗骨料与沥青黏附性的差异，无法择优选择粗骨料。为体现不同岩性粗骨料与沥青黏附性的差异，选择黏附性较好的粗骨料进行施工，建议延长水煮时间至 5～10min。

3.3.3　粗骨料的抗剥离作用试验

试验证明，天然砾石与沥青的黏附性较差。在以天然砾石为粗骨料的浇筑式沥青混凝土的水稳定性不易评定的情况下，如何提高天然砾石与沥青的黏附性，以保证浇筑式沥青混凝土的水稳定性显得尤为重要。本次试验选择工程中常用的 P·O 42.5 水泥与石灰水裹附、浸泡粗骨料，比较两种方法抗剥离效果的差异。具体试验步骤如下：

（1）筛取粒径 13.2～19.0mm 形状接近立方体的骨料颗粒，要求每组试验每种岩性的岩石取 5 个颗粒，共有 4 组试验。

（2）将沥青加热至 130～150℃，保持温度备用。

（3）将三组骨料分别浸入不同浓度（1∶5、1∶10、1∶15，其中溶剂总质量 100g）的石灰水中 2min，放入 105℃±5℃ 的烘箱内烘干。

（4）将另一组骨料颗粒放入 105℃±5℃ 的烘箱内烘 1h，并放入预先加热好的水泥中拌和 1min。

（5）将骨料颗粒分别浸入预先加热好的沥青中 45s，使骨料表面完全被沥青包裹。

（6）将裹覆沥青的骨料颗粒悬挂于试验架上，在室温下冷却 15min。

（7）将冷却后的颗粒浸入装有微沸水的烧杯中，保持烧杯中的水为微沸状态。

（8）浸煮 15min，且每 5min 观察骨料颗粒表面的沥青膜的脱落程度。

根据以上试验步骤，进行粗骨料的抗剥离作用试验，结果如图 3-27～图 3-30 所示。

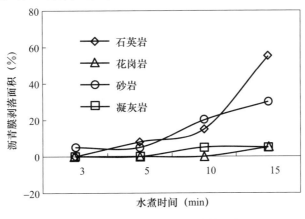

图 3-27　水泥对黏附性的改善程度

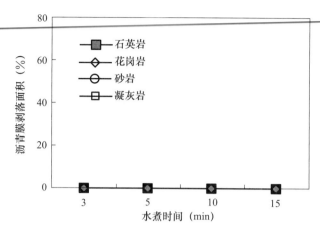

图 3-28　石灰水（1：5 浓度）对黏附性的改善程度

注：4 条曲线全部重合。

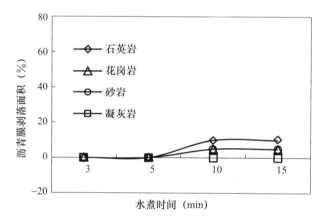

图 3-29　石灰水（1：10 浓度）对黏附性的改善程度

注：花岗岩试验曲线与砂岩试验曲线重合。

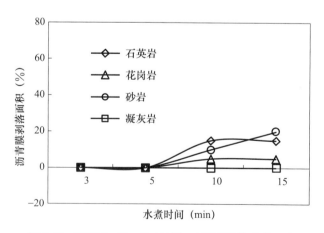

图 3-30　石灰水（1：15 浓度）对黏附性的改善程度

通过试验可得，水泥与石灰水均对粗骨料与沥青的黏附性有改善作用。其中，石灰水的改善效果明显。这是由于，石灰水的主要成分是 $Ca(OH)_2$，它具有较强的碱性，可以很大程度改善沥青与粗骨料的黏附性。此外，不同浓度的石灰水对黏附性的改善效果不同，随着 $Ca(OH)_2$ 溶液浓度的提高，对其黏附性的改善效果就越明显，在 1：5 浓度的石灰水中浸泡后的粗骨料，整个试验过程中沥青膜无剥落。

天然砾石与沥青的黏附性较差，建议采用石灰水进行浸泡处理。当骨料与沥青的黏附性越差，石灰水浓度宜越高，这样可提高粗骨料与沥青的黏附性，从而保证浇筑式沥青混凝土的水稳定性。

3.4　施工黏度试验研究

3.4.1　施工黏度

施工黏度，也称施工流动性。由于浇筑式沥青混凝土心墙的施工作业不需要对其碾压或者振捣，只需要把沥青混合料直接浇筑到模板中，利用自身混合料热态流动性自流平。在流平的过程中利用自身的容重自密实，由此可知，自身的密实与流动性是有关联的。只有靠沥青混合料自身流动性才能使骨料之间更好地咬合密实，因此，只有适合的矿粉用量和沥青用量才能保证有合适的施工流动性。原因有以下两点：

（1）合适的矿粉用量可以填充满骨料之间的孔隙，降低骨料的摩擦内阻力，对骨料之间的移动有利。

（2）合适的沥青用量，在填充满骨料表面的裂隙和孔隙后，能使骨料之间形成较厚的沥青薄膜，可以使沥青混合料具有良好的流动性。

3.4.2　施工黏度试验及分析

流动性是用在浇筑温度条件下的黏度 η 值作为指标。用图 3-31 所示容器进行测定。试验时先将沥青混合料按规定的配合比拌和均匀，沥青混合料的温度控制在 $180℃ \pm 5℃$。将试样装满容器，测定流出 1L 试样所需的时间，按下式计算沥青混合料的黏度：

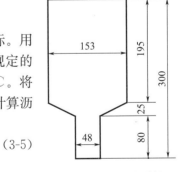

$$\eta = 43.5 \times \rho \times g \times t \times 10^{-5} \qquad (3-5)$$

式中　η——沥青混合料黏度，$P_a \cdot s$；

　　　ρ——沥青混合料密度，kg/m^3；

　　　g——重力加速度，m/s^2；

　　　t——1L 试样流出的时间，s。

图 3-31　施工流动性
黏度测定容器

骨料最大粒径为 31.5mm 的配合比施工流动性无法用现有的流动性黏度测定容器进行测量，余梁蜀等人的研究表明，不同测定器出口直径对施工流动性的影响程度要远远大于骨料最大粒径对其的影响，在最大骨料粒径一定，测定器出口直径大小不同时，黏度值相差很大，且随着最大骨料粒径的增大，黏度差值也逐渐增大。对此，借鉴湿筛法的思想把拌和好的沥青混合料 $D_{max} = 31.5mm$ 的骨料剔除，剩余的沥青混合料使用现有的测试手段来评价其流动性，得到施工流动性检验结果见表 3-8。

表 3-8 施工流动性试验结果

骨料最大粒径（mm）	沥青混合料密度（kg/m³）	1L 试样流出的时间（s）	沥青混合料黏度（Pa·s）
19	2340	634	6.45×10^3
31.5	2400	748	7.81×10^3

由上述结果可见，两种骨料最大粒径的沥青混合料在 180℃条件下的黏度均介于 $1 \times 10^2 \sim 1 \times 10^4$ Pa·s，当骨料最大粒径增至 31.5mm 仍然满足施工流动性。

3.5 分离度试验研究

分离度试验目的主要是考虑到混合料中粗细骨料不均匀，导致粗骨料下沉，细骨料上浮从而出现了离析现象。产生离析的因素有很多，拌和时间、级配选择、沥青用量或者是矿粉用量等。产生离析的后果使得沥青混凝土粗细骨料分布及密度不均匀，造成沥青混合料孔隙较大，而心墙长期处于水压力中，水容易渗入混合料当中，从而发生沥青膜剥落造成安全隐患。

分离度试验是用测定沥青混凝土密度的方法，将热沥青混合料浇入直径为 100mm，高为 100mm 的试模内，不加捣实，在自重下密实，待试件自然降温到 15℃以下，将试件切割成上下两部分，然后在 20℃温度下测定两部分试件的密度。若下半部分试件的密度与上半部分的密度之比小于 1.05 时，可认为均质性合格。

根据骨料最大粒径 19mm 及 31.5mm 优化配合比，按照每种配合比配制两组试件，进行分离度试验，结果分别见表 3-9、表 3-10。

表 3-9 沥青混凝土分离度试验结果（骨料最大粒径 19mm）

组号	密度测试位置	密度（g/cm³）	分离度	平均值
第一组	上部	2.32	1.00	1.00
	下部	2.33		
第二组	上部	2.33	1.01	
	下部	2.35		

表 3-10 沥青混凝土分离度试验结果（骨料最大粒径 31.5mm）

组号	密度测试位置	密度（g/cm³）	分离度	平均值
第一组	上部	2.40	1.01	1.01
	下部	2.42		
第二组	上部	2.39	1.01	
	下部	2.42		

由表 3-9 可以看出，骨料最大粒径为 19mm 时，两组试件的分离度试验结果均小于 1.05，浇筑式沥青混凝土材料的均质性合格。当骨料最大粒径增大到 31.5mm 时，进行分离度试验，结果见表 3-10，其均质性也满足要求。

参考文献

［1］　中华人民共和国水利部．土石坝沥青混凝土面板和心墙设计规范：SL 501—2010［S］．北京：中国水利水电出版社，2010.

［2］　郝培文．沥青与沥青混合料［M］．北京：人民交通出版，2009：214-216.

［3］　赵艳，李波，曹贵，等．基于表面能的氧化石墨烯改性沥青黏附性［J］．建筑材料学报，2021，24（6）：1341-1347.

［4］　赵胜前，丛卓红，游庆龙，等．沥青-集料黏附和剥落研究进展［J］．吉林大学学报（工学版），2023，53（9）：2437-2464.

4 浇筑式沥青混凝土静力特性试验及本构模型

浇筑式沥青混凝土与碾压式沥青混凝土相比，其沥青用量较高，而沥青用量的增加以及温度的变化会对这种材料的力学性质产生怎样的影响，是工程界关注的问题。本章将结合新疆某浇筑式沥青混凝土心墙坝的建设，对不同沥青用量、不同温度情况下的浇筑式沥青混凝土材料进行静三轴试验，研究材料的静力特性，探讨浇筑式沥青混凝土应力-应变关系及在通用有限元软件 Abaqus 中的实现。

4.1 浇筑式沥青混凝土静力特性试验研究

4.1.1 试验材料

根据新疆某浇筑式沥青混凝土心墙土石坝的设计方案，本次试验对该坝心墙浇筑式沥青混凝土采用天然砂砾石作粗、细骨料，P·O 42.5 水泥作填料，沥青采用新疆克拉玛依 70 号（A 级）道路石油沥青。原材料的基本性能指标见表 4-1～表 4-5。

表 4-1 克石化公司产 70 号（A 级）道路石油沥青样品的技术性能

项目	单位	质量指标		出厂检验结果	样品检测结果
		JTG F40—2004	SL 501—2010		
		70 号（A 级）	70 号（A 级）		
针入度（25℃，100g，5s）	0.1mm	60～80	60～80	72	73.9
延度（5 cm/min，15℃）	cm	≥100	—	>150	—
延度（5 cm/min，10℃）	cm	≥20	≥20	—	49.4
软化点（环球法）	℃	≥46	≥46	49	46.5

表 4-2 粗骨料的技术性能

项目	单位	要求指标	实测（2.36～4.75）mm	实测（4.75～9.5）mm	实测（9.5～19）mm
表观密度	g/cm³	≥2.6	2.7	2.67	2.73
与沥青黏附性	级	≥4	5	—	—
针片状颗粒量	%	≤25	23	—	—
压碎值	%	≤30	9	—	—
吸水率	%	≤2.0	0.4	0.1	0.1
含泥量	%	≤0.5	0.4	0.3	0.1
耐久性	%	≤12	0.2	—	—

表 4-3 细骨料的技术性能

项目	单 位	要求指标	实测
表观密度	g/cm³	≥2.55	2.68
吸水率	%	≤2.0	1.2
水稳定等级	级	≥6	9
耐久性	%	≤15	0.4
含泥量	%	≤2	0.6
有机质含量		浅于标准色	浅于标准色

表 4-4 填料的技术性能

项目	粒径范围	要求指标	实测
表观密度（g/cm³）		≥2.5	3.07
亲水系数		≤1.0	0.79
含水率		≤0.5	0.02
细度（%）	<0.6mm	100	100
	<0.15mm	>90	99.72
	<0.075mm	>85	96.98

表 4-5 矿料级配表

配合比种类	筛孔尺寸（mm）										
	19	16	13.2	9.5	4.75	2.36	1.18	0.6	0.3	0.15	0.075
	通过量百分率（%）										
设计配合比	100.00	94.28	88.26	78.80	61.93	48.41	37.75	29.46	22.68	17.29	13.00
实验室配合比	100.00	95.78	88.24	78.01	62.00	48.00	40.06	32.35	18.00	13.85	12.83

4.1.2 试验方案

沥青是对温度敏感的材料，在不同温度时，沥青混凝土将展现不同的力学特性。并且，沥青是流变材料，不同的沥青用量对沥青混凝土的力学特性又有影响。本次试验的目的是通过浇筑式沥青混凝土的三轴试验，揭示浇筑式沥青混凝土的力学特性。

本次试验首先对不同沥青用量（9.0%、10.0%、11.0%、12.0%）的试件在 10℃条件下进行试验，然后选择一定的沥青用量（9.0%）进行不同温度（5℃、15℃）试验。试件直径为 100mm，高度为 200mm。试验选用 4 个围压，即 0.2 MPa、0.3 MPa、0.5 MPa、0.6 MPa。轴向变形速率 0.18mm/min。试验方案表见表 4-6。

表 4-6 试验方案表

试验组号	试验温度（℃）	沥青用量（%）	级配指数	填料用量（%）
1	10	9.0	0.33	13.0
2	10	10.0	0.33	13.0
3	10	11.0	0.33	13.0

试验组号	试验温度（℃）	沥青用量（%）	级配指数	填料用量（%）
4	10	12.0	0.33	13.0
5	5	9.0	0.33	13.0
6	15	9.0	0.33	13.0

4.1.3 静力性能试验结果及分析

根据试验方案，进行浇筑式沥青混凝土静三轴试验，试验结果见表 4-7 及图 4-1。

表 4-7 试验结果表

沥青用量（%）	试验温度（℃）	围压 σ_3（MPa）	$(\sigma_1 - \sigma_3)_{max}$（MPa）	ε_{1max}（%）
9.0	10	0.2	1.41	9.83
		0.3	1.62	12.93
		0.5	2.21	14.39
		0.6	2.24	13.58
10.0	10	0.2	1.21	10.52
		0.3	1.41	11.98
		0.5	1.75	19.55
		0.6	1.99	19.10
11.0	10	0.2	1.11	11.47
		0.3	1.28	17.99
		0.5	1.65	18.89
		0.6	1.75	20.79
12.0	10	0.2	0.90	16.21
		0.3	1.24	16.24
		0.5	1.42	19.81
		0.6	1.60	21.72
9.0	5	0.2	1.71	9.64
		0.3	2.00	11.38
		0.5	2.26	14.91
		0.6	2.42	14.73
9.0	15	0.2	1.14	9.55
		0.3	1.43	13.64
		0.5	1.84	17.87
		0.6	1.92	19.25

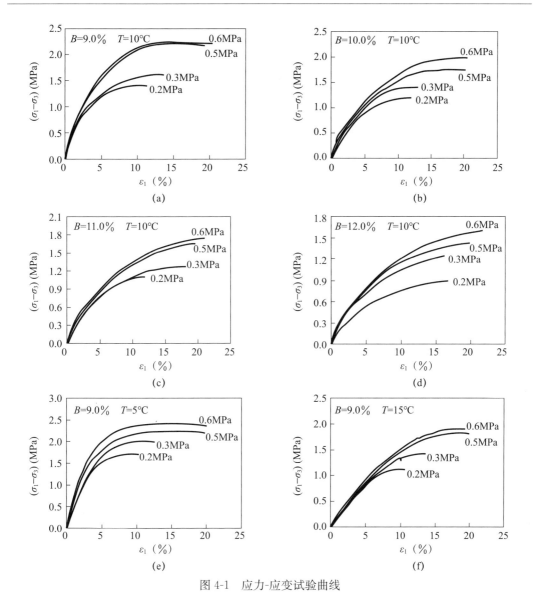

图 4-1　应力-应变试验曲线

围压、温度相同时，不同沥青用量的应力-应变曲线如图 4-2 所示；围压、沥青用量相同时，不同温度的应力-应变曲线如图 4-3 所示。

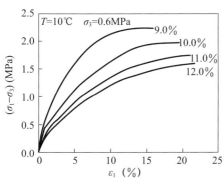

图 4-2　不同沥青用量的应力-应变试验曲线

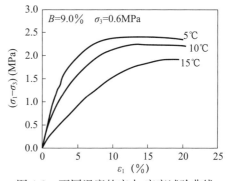

图 4-3　不同温度的应力-应变试验曲线

从表 4-7 和图 4-1 中可以看出，随着围压的升高，浇筑式沥青混凝土的强度越来越大，所对应的轴向应变越来越大。从图 4-1～图 4-3 中可以看出，沥青用量与温度对浇筑式沥青混凝土的力学性质有较大的影响。与碾压式沥青混凝土相同，随着沥青用量的增大、温度的升高，浇筑式沥青混凝土的强度逐渐降低，所对应的轴向应变逐渐增大，应力-应变曲线的斜率逐渐减小，应力增长速率变慢。但与沥青用量较小的碾压式沥青混凝土相比，浇筑式沥青混凝土的破坏点不明显，在曲线前段没有出现直线段，整个曲线呈现出应力硬化现象。随着沥青用量的增加，温度的升高，应力硬化现象越来越明显，双曲线范围增大。

由于浇筑式沥青混凝土的应力-应变曲线呈应力硬化形态，没有明显的峰值。因此，破坏偏应力 $(\sigma_1 - \sigma_3)_f$ 根据工程允许应变进行取值，本次试验取轴向应变 10% 所对应的偏应力值作为试件的破坏偏应力。图 4-4 是试验温度为 10℃ 的试件在不同围压情况下破坏偏应力与沥青用量的关系曲线，图 4-5 是沥青用量为 9% 的试件在不同围压情况下破坏偏应力与温度的关系曲线。

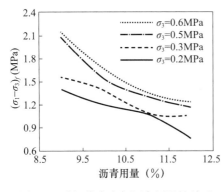

图 4-4　破坏偏应力与沥青用量的关系　　图 4-5　破坏偏应力与试验温度的关系

从图 4-4、图 4-5 可以看出，浇筑式沥青混凝土的破坏偏应力随沥青用量的增加、试验温度的升高而降低，随着围压的升高而增大。

4.2　浇筑式沥青混凝土本构模型的探讨

邓肯-张模型具有计算参数的物理意义明确、试验参数容易获得等特点[1-3]，在工程实际中已经得到广泛的应用，计算应用经验丰富，成果易于比较。因此，在沥青混凝土心墙土石坝非线性应力-应变计算分析中，国内较多采用邓肯-张模型。邓肯-张模型曲线呈双曲线，能较好地反映应力硬化型应力-应变曲线，而本试验结果表明，浇筑式沥青混凝土呈现出应力硬化形态，双曲线段范围大，因此，采用邓肯-张模型或基于邓肯-张模型提出的修正邓肯-张模型作为浇筑式沥青混凝土心墙的计算模型，既比较符合浇筑式沥青混凝土的力学特性，又便于计算分析和成果比较。

本节分别用邓肯-张模型和修正邓肯-张模型作为浇筑式沥青混凝土心墙的材料本构模型，对浇筑式沥青混凝土心墙进行分析。先对这两种模型给以简单介绍，再通过试验进行验证。两模型都是基于广义胡克定律的弹性非线性模型，其差别主要体现在切线模量和切线泊松比的确定上。

4.2.1 邓肯-张模型

邓肯-张模型认为材料的偏应力和轴向应变之间是双曲线关系，即满足式（4-1），而且抗剪强度符合莫尔-库仑（Mohr-Coulomb）破坏准则，即满足式（4-2），因而其推导出的弹性模量表达式为式（4-3）。

$$\sigma_1 - \sigma_3 = \frac{\varepsilon_a}{a + b\varepsilon_a} \tag{4-1}$$

$$(\sigma_1 - \sigma_3)_f = \frac{2c\cos\alpha + 2\sigma_3\sin\alpha}{1 - \sin\alpha} \tag{4-2}$$

$$E_t = KP_a \left(\frac{\sigma_3}{P_a}\right)^n (1 - R_f s)^2 \tag{4-3}$$

式中 s——应力水平，反映材料强度发挥的程度。

s 表达式为

$$s = \frac{(\sigma_1 - \sigma_3)(1 - \sin\varphi)}{2c\cos\varphi + 2\sigma_3\sin\varphi} \tag{4-4}$$

当发生卸载时，采用回弹模量，表达式为

$$E_{ur} = K_{ur}P_a \left(\frac{\sigma_3}{P_a}\right)^n \tag{4-5}$$

卸载的判别采用殷宗泽提出的近似判别方法：当 $(\sigma_1 - \sigma_3) = (\sigma_1 - \sigma_3)_0$，且 $S < S_0$ 时，用 E_{ur}；$(\sigma_1 - \sigma_3)_0$ 和 S_0 分别指历史上最大的偏应力和应力水平。

邓肯等人根据侧向应变与轴向应变的关系曲线推导出的切线泊松比的表达式为

$$v_t = \frac{G - F\lg\left(\frac{\sigma_3}{P_a}\right)}{(1 - A)^2} \tag{4-6}$$

$$A = \frac{D(\sigma_1 - \sigma_3)}{KP_a \left(\frac{\sigma_3}{P_a}\right)^n [1 - R_f s]^2} \tag{4-7}$$

以上各式中，c 为黏聚力，φ 为内摩擦角，R_f 为破坏比，P_a 为单位大气压力，K、n、D、F、G、K_{ur} 为模型参数，均由常规三轴试验得出。

4.2.2 修正邓肯-张模型

凤家骥等人通过试验研究发现沥青混凝土的强度包线随侧压力的增加而呈非线性变化，在高围压下，强度包线向下弯曲，破坏偏应力$(\sigma_1 - \sigma_3)_f$与小主应力 σ_3 的倒数在半对数坐标系中呈直线关系，故可用指数形式表示为

$$(\sigma_1 - \sigma_3)_f = HP_a e^{P\left(\frac{P_a}{\sigma_3}\right)} \tag{4-8}$$

式中 H、P——反映破坏强度变化规律的无量纲参数，通过试验确定。

从而可以得到切线弹性模量的表达式为

$$E_t = kP_a \left(\frac{\sigma_3}{P_a}\right)^n \left[1 - \frac{R_f(\sigma_1 - \sigma_3)}{HP_a} e^{-\frac{PP_a}{\sigma_3}}\right] \tag{4-9}$$

对于卸载再加载时的弹性模量，采用

$$E_{ur} = k_{ur}P_a \left(\frac{\sigma_3}{P_a}\right)^n \tag{4-10}$$

判别方式为：当沥青混凝土心墙内部偏应力小于历史上最大偏应力且应力水平小于历史上最大应力水平时采用 E_{ur}。

三轴试验的结果表明，沥青混凝土轴向应变和体变呈直线关系，因此泊松比表示为

$$\upsilon = \upsilon_i + (\upsilon_{tf} - \upsilon_i)(\sigma_1 - \sigma_3) / (\sigma_1 - \sigma_3)_f \tag{4-11}$$

式中　υ_i——初始泊松比；

　　　υ_{tf}——破坏泊松比；

　　　υ_t——切线泊松比。

综上，修正邓肯-张模型的参数为 K、n、R_f、H、P、A、B、υ_{tf}、K_{ur}，各参数也都是通过静三轴试验得到。

4.2.3　基于邓肯-张模型的浇筑式沥青混凝土

（1）切线模量

沥青混凝土的本构模型常用邓肯-张模型[4]。

在加荷时，$(\sigma_1 - \sigma_3)$-ε_1 关系曲线呈双曲线关系。可用式（4-12）表达

$$\sigma_1 - \sigma_3 = \frac{\varepsilon_1}{a + b\varepsilon_1} \tag{4-12}$$

将式（4-12）变为

$$\frac{\varepsilon_1}{\sigma_1 - \sigma_3} = a + b\varepsilon_1 \tag{4-13}$$

通过式（4-13）可以图解出 a、b。a 为图形的截距，b 为图形的斜率，如图 4-6、图 4-7 所示。

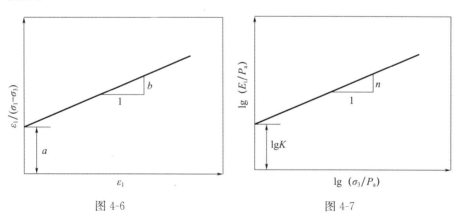

图 4-6　　　　　　　　　　　　　　　　图 4-7

当 $\varepsilon_1 \to 0$ 时，$a = \left(\dfrac{\varepsilon_1}{\sigma_1 - \sigma_3}\right)_{\varepsilon_1 \to 0}$ 是曲线 $(\sigma_1 - \sigma_3)$-ε_1 的初始切线模量，用 E_i 表示。

所以 $a = \dfrac{1}{E_i}$。E_i 随 σ_3 变化，且在双对数坐标中，$\lg\left(\dfrac{E_i}{P_a}\right)$ 和 $\lg\left(\dfrac{\sigma_3}{P_a}\right)$ 呈直线关系。$\lg K$ 为直线截距，斜率为 n，如图 4-7 所示。由此可得

$$E_i = K P_a \left(\frac{\sigma_3}{P_a}\right)^n \tag{4-14}$$

当 $\varepsilon_1 \to \infty$ 时，$b = \dfrac{1}{(\sigma_1 - \sigma_3)_{\varepsilon_1 \to \infty}} = \dfrac{1}{(\sigma_1 - \sigma_3)_u}$。破坏比 $R_f = \dfrac{(\sigma_1 - \sigma_3)_f}{(\sigma_1 - \sigma_3)_u}$。

利用式（4-12）可以推到出邓肯-张模型的切线模量 E_t。

$$E_t = \frac{\mathrm{d}(\sigma_1 - \sigma_3)}{\mathrm{d}\varepsilon_1} = \left[1 - \frac{R_f(\sigma_1 - \sigma_3)}{(\sigma_1 - \sigma_3)_f} \right]^2 E_i \qquad (4-15)$$

其中破坏偏应力 $(\sigma_1 - \sigma_3)_f$ 符合莫尔-库仑强度准则，有

$$(\sigma_1 - \sigma_3)_f = \frac{2c\cos\varphi + 2\sigma_3\sin\varphi}{1 - \sin\varphi} \qquad (4-16)$$

将式（4-16）代入式（4-15）得

$$E_t = \left[1 - \frac{R_f(1 - \sin\varphi)(\sigma_1 - \sigma_3)}{2c\cos\varphi + 2\sigma_3\sin\varphi} \right]^2 KP_a \left(\frac{\sigma_3}{P_a} \right)^n \qquad (4-17)$$

通过式（4-17）计算出切线模量，利用增量法按下式计算应力应变关系，所得应力-应变关系曲线如图4-8、图4-9所示。

$$\mathrm{d}\varepsilon_1 = \frac{\mathrm{d}(\sigma_1 - \sigma_3)}{E_t} \qquad (4-18)$$

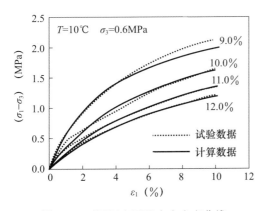

图4-8 不同沥青用量应力应变曲线

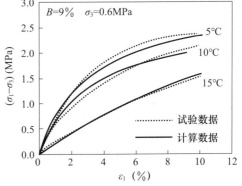

图4-9 不同温度应力应变曲线

从图4-8、图4-9中可以看出，邓肯-张模型拟合曲线与试验曲线总体吻合较好。并随着沥青用量的增加、温度的升高，邓肯-张模型拟合曲线与试验曲线趋于接近。这主要是由于随着沥青用量的增加或温度的升高，沥青混凝土的流变性能逐渐增强，应力-应变关系曲线趋于平缓，双曲线范围增大。

（2）切线泊松比

在运用邓肯-张模型时，认为 ε_1 与 $(-\varepsilon_3)$ 也成双曲线关系。

$$\varepsilon_1 = \frac{-\varepsilon_3}{f + D(-\varepsilon_3)} \qquad (4-19)$$

将上式变成

$$\frac{-\varepsilon_3}{\varepsilon_1} = f + D(-\varepsilon_3) \qquad (4-20)$$

以 $\frac{-\varepsilon_3}{\varepsilon_1}$ 为纵坐标，$(-\varepsilon_3)$ 为横坐标，则试验关系曲线为直线。其斜率为 D，与纵坐标的截距是 f，也是初始切线泊松比 υ_i。可将式（4-19）变成

$$-\varepsilon_3 = \frac{f\varepsilon_1}{1 - D\varepsilon_1} \qquad (4-21)$$

对式（4-21）求导，并将式（4-13）代入可得切线泊松比

$$\upsilon_t = \frac{\mathrm{d}\varepsilon_3}{\mathrm{d}\varepsilon_1} = \frac{f}{(1-A)^2} \tag{4-22}$$

其中

$$A = \frac{D\,(\sigma_1 - \sigma_3)}{\left[1 - \dfrac{R_f\,(\sigma_1 - \sigma_3)}{(\sigma_1 - \sigma_3)_f}\right]E_i} \tag{4-23}$$

将式（4-16）代入式（4-23）得

$$A = \frac{D\,(\sigma_1 - \sigma_3)}{KP_a\left(\dfrac{\sigma_3}{P_a}\right)^n\left[1 - \dfrac{R_f\,(1-\sin\varphi)\,(\sigma_1 - \sigma_3)}{2c\cos\varphi + 2\sigma_3\sin\varphi}\right]} \tag{4-24}$$

对于不同的 σ_3，有不同的 υ_i 值，在半对数坐标中，$\lg\left(\dfrac{\sigma_3}{P_a}\right)$ 与 υ_i 的关系曲线为一直线。其与纵坐标轴的截距为 G，斜率为 F。于是，可将式（4-22）变成

$$\upsilon_t = \frac{G - F\lg\left(\dfrac{\sigma_3}{P_a}\right)}{(1-A)^2} \tag{4-25}$$

通过式（4-25）计算出切线泊松比，利用增量法按下式计算得出的 ε_1-（$-\varepsilon_3$）关系曲线如图 4-10、图 4-11 所示。

$$\mathrm{d}\varepsilon_3 = \mathrm{d}\varepsilon_1 \times \upsilon_t \tag{4-26}$$

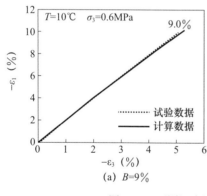
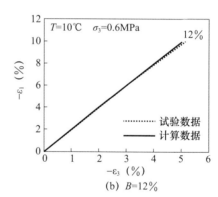

(a) $B=9\%$ 　　　　　(b) $B=12\%$

图 4-10　不同沥青用量的 ε_1-（$-\varepsilon_3$）关系曲线

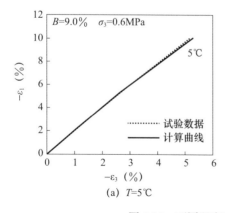
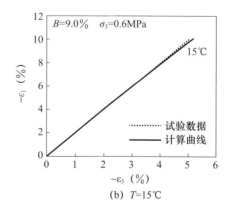

(a) $T=5\,℃$ 　　　　　(b) $T=15\,℃$

图 4-11　不同温度的 ε_1-（$-\varepsilon_3$）关系曲线

从图 4-10、图 4-11 中可以看出，在不同的沥青用量、不同的试验温度时，用邓肯-张模型拟合的 ε_1-（$-\varepsilon_3$）曲线，拟合效果好，误差小，符合试验点曲线的发展趋势。从图中可以看出，沥青用量与温度对浇筑式沥青混凝土 ε_1-（$-\varepsilon_3$）曲线拟合效果的影响较小。

通过曲线拟合发现，计算得出的应力-应变曲线、ε_1-（$-\varepsilon_3$）曲线与试验点曲线拟合较好，符合试验点曲线的发展趋势，且随着沥青用量的增大，温度的升高，邓肯-张模型拟合曲线与试验曲线趋于接近。可以认为，在较低围压情况下，对于沥青用量较大的浇筑式沥青混凝土，采用邓肯-张模型进行模拟计算分析是合理的。

（3）模型参数的变化

浇筑式沥青混凝土在不同的沥青用量时，将展现不同的力学性质。图 4-12～图 4-15 为温度 10℃时，模型各主要参数随沥青用量的变化趋势。

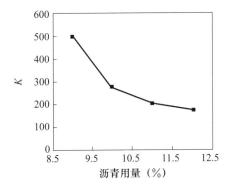

图 4-12　切线模量系数 K 与沥青用量关系

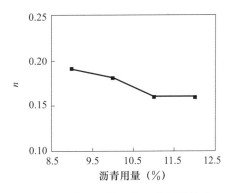

图 4-13　模量指数 n 与沥青用量关系

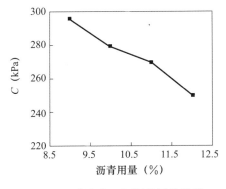

图 4-14　黏聚力 c 与沥青用量关系

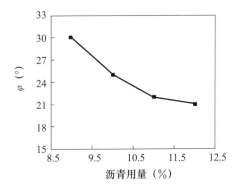

图 4-15　内摩擦角 φ 与沥青用量关系

从以上各图中可以看出，由于沥青用量增加使试件内部的自由沥青含量增加，使骨料之间易于滑动，其强度逐渐降低，导致浇筑式沥青混凝土的切线模量系数 K、模量指数 n、黏聚力 c、内摩擦角 φ 均随沥青用量的增大而减小，但其中模量指数 n 随沥青用量增加而产生的变化率较小。

沥青是温度敏感性材料，导致不同的温度使浇筑式沥青混凝土的力学性质有所不同。图 4-16～图 4-19 为沥青用量为 9.0％时，模型各参数随温度的变化趋势。

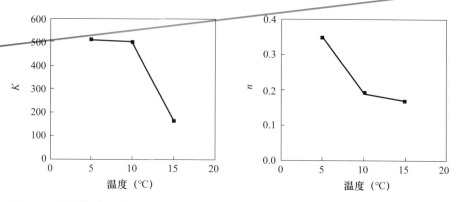

图 4-16　切线模量系数 K 与试验温度关系　　图 4-17　模量指数 n 与试验温度关系

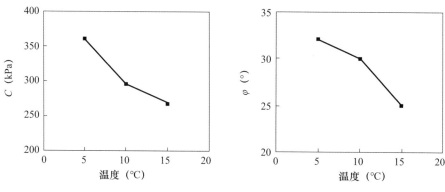

图 4-18　黏聚力 c 与试验温度关系　　图 4-19　内摩擦角 φ 与试验温度关系

从以上各图中可以看出，温度的升高使作为胶结材料的沥青的物理性质逐渐向流变性转变，骨料之间易于滑动，浇筑式沥青混凝土的强度降低，导致切线模量系数 K、模量指数 n、黏聚力 c、内摩擦角 φ 均随温度的升高而减小。

4.2.4　基于修正邓肯-张模型的浇筑式沥青混凝土

（1）切线模量

邓肯-张模型假定材料的破坏符合莫尔-库仑强度准则，但已有的研究成果表明，沥青混凝土的强度包线随围压增加而呈非线性变化，在高围压时，实际的强度包线向下弯曲，并不符合莫尔-库仑强度准则，即在高围压时，若采用莫尔-库仑强度准则，则会夸大材料的强度。因此，文献根据浇筑式沥青混凝土的破坏偏应力 $(\sigma_1-\sigma_3)_f$ 与小主应力 σ_3 的倒数在半对数坐标中呈直线关系，建立了用指数函数表达的破坏准则，提出了基于邓肯-张模型的修正模型（以下简称修正模型）。

其破坏准则如下：

$$(\sigma_1-\sigma_3)_f=HP_a e^{P\left(\frac{P_a}{\sigma_3}\right)} \tag{4-27}$$

其切线模量可表示为

$$E_t=\left[1-\frac{R_f\ (\sigma_1-\sigma_3)}{HP_a}e^{-PP_a/\sigma_3}\right]^2 KP_a\left(\frac{\sigma_3}{P_a}\right)^n \tag{4-28}$$

式中 P、H——反映破坏偏应力变化规律的无量纲参数，可由试验测得。

式（4-28）中舍弃了莫尔-库仑强度准则中的两个参数 c、φ，引入新的无量纲参数 H、P。这有利于消除关于强度参数的物理实质的误解，方便数值模拟计算。本次试验表明，浇筑式沥青混凝土的破坏偏应力（$\sigma_1-\sigma_3$）与小主应力 σ_3 的倒数在半对数坐标中也呈直线关系，如图 4-20 所示，因此破坏准则可以用式（4-27）表达，应力-应变关系也可以用式（4-28）描述。通过式（4-28）计算出切线模量，所得应力-应变关系曲线如图 4-21、图 4-22 所示。

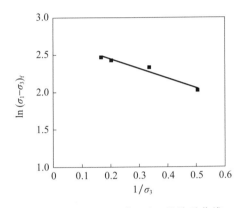

图 4-20 （$\sigma_1-\sigma_3$）$_f$ 与 $1/\sigma_3$ 的关系曲线

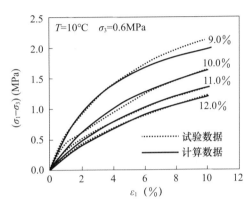

图 4-21 不同沥青用量应力-应变曲线

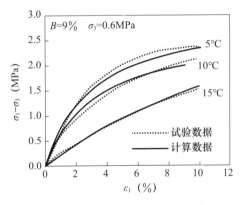

图 4-22 不同试验温度应力-应变曲线

从图 4-21、图 4-22 中可以看出，在不同沥青用量、试验温度时，试验点曲线与修正模型计算曲线拟合效果也很好。同时也有随着沥青用量的增加或试验温度的升高，拟合效果更好的趋势。

（2）切线泊松比

在进行切线泊松比计算时，仍然采用邓肯-张模型式（4-25）进行计算。但由于修正模型的破坏偏应力的表达式与邓肯-张模型的不同，故将式（4-27）代入式（4-23）得

$$A=\frac{D\left(\sigma_1-\sigma_3\right)}{KP_a\left(\dfrac{\sigma_3}{P_a}\right)^n\left[1-\dfrac{R_f\left(\sigma_1-\sigma_3\right)}{HP_a}e^{-PP_a/\sigma_3}\right]} \tag{4-29}$$

将式（4-29）代入式（4-25），运用增量法计算得出的 ε_1-（$-\varepsilon_3$）关系曲线如图 4-23、图 4-24 所示。

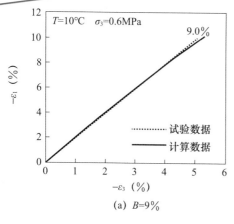

(a) $B=9\%$

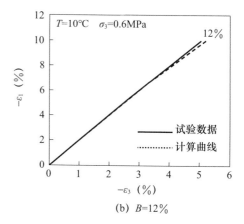

(b) $B=12\%$

图 4-23　不同沥青用量的 ε_1-（$-\varepsilon_3$）曲线

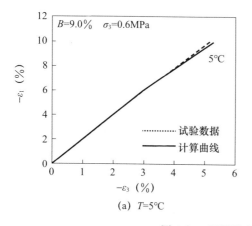

(a) $T=5℃$

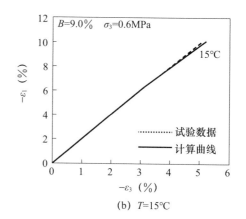

(b) $T=15℃$

图 4-24　不同温度的 ε_1-（$-\varepsilon_3$）曲线

从图中可以看出，在不同的沥青用量、试验温度时，用修正模型拟合的 ε_1-（$-\varepsilon_3$）曲线，拟合效果也很好。并且，和邓肯-张模型的拟合效果一样，沥青用量与温度对 ε_1-（$-\varepsilon_3$）曲线拟合效果的影响较小。

试验结果表明，在低围压下用修正模型模拟计算是合理的。

（3）模型参数的变化

修正模型是用新的 $(\sigma_1-\sigma_3)_f$ 表达式代替莫尔-库仑强度准则，产生新的无量纲参数 P、H，其余各参数与邓肯-张模型相同。试验数据表明，修正模型的切线模量系数 K、模量指数 n 随沥青用量、温度变化的规律与前述邓肯-张模型参数基本相同，参数 P 受沥青用量、温度的影响较小；图 4-25 是温度为 10℃时，参数 H 随沥青用量的变化规律，图 4-26 是沥青用量为 9% 时，参数 H 随温度的变化规律。

从图 4-25、图 4-26 中可以看出，参数 H 随着沥青用量的增大、温度的升高而减小。

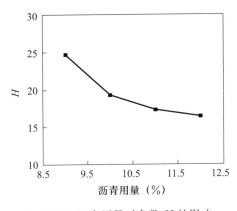
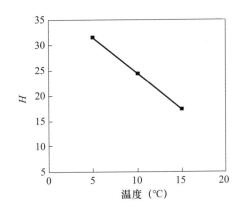

图 4-25　沥青用量对参数 H 的影响　　　　图 4-26　试验温度对参数 H 的影响

4.2.5　两种本构模型的对比

为验证修正模型的强度非线性变化规律，对比以上两种本构模型的破坏偏应力随围压变化的情况，分别计算出不同温度和沥青用量情况下，两种本构模型的破坏偏应力与围压的关系曲线，如图 4-27、图 4-28 所示。

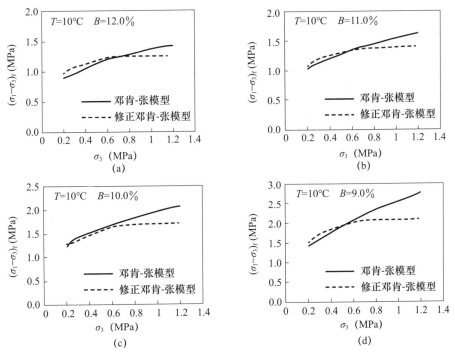

图 4-27　不同沥青用量时两种本构模型的破坏偏应力

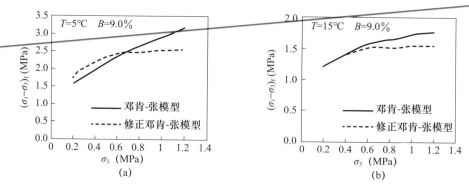

图 4-28　不同温度时两种本构模型的破坏偏应力

从图 4-27、图 4-28 中可以看出，当围压在 $\sigma_3 \leqslant 0.6$MPa 范围内，随围压变化，两种本构模型的破坏偏应力 $(\sigma_1-\sigma_3)_f$ 较接近；当围压较大（$\sigma_3 > 0.6$MPa）时，随着围压的升高，修正模型的破坏偏应力趋于平缓，增幅很小，而邓肯-张模型的破坏偏应力几乎呈线性增加，增幅较修正模型大，其值明显大于修正模型的破坏偏应力。同时还可看出，随沥青用量的增加，在较高围压情况下两种本构模型破坏偏应力值的差距，随着围压的升高，有减小的趋势。说明在较高围压情况下，采用邓肯-张模型是偏于危险的，修正模型则更符合沥青混凝土实际的强度特性，应用于实际工程计算中是偏于安全的。

4.3　心墙材料本构模型在 Abaqus 中的实现

目前国内一部分高校和科研院所采用自己编制的有限元软件对坝体进行分析，也有一部分高校和科研院所采用大型通用的有限元软件对坝体进行有限元分析。Abaqus 软件在岩土问题各个方面的分析都具有很强的实用性，因此，本节用 Abaqus 软件对沥青混凝土心墙坝进行分析。

4.3.1　Abaqus 软件介绍

Abaqus 是由 SIMULIA 公司（原 Abaqus 公司）开发、维护及售后的有限元计算软件，是国际上最先进的大型通用有限元分析软件之一[5]。它能够完成从前处理到分析，再到后处理的一个完整的有限元分析过程。

Abaqus/standard 和 Abaqus/explicit 是 Abaqus 两个重要的分析模块，Abaqus/standard 是通用分析模块，用来求解静力、动力、热传导、流体渗流、应力耦合等线性和非线性问题；Abaqus/explicit 采用显式的有限元格式，适用于求解类似于爆炸荷载、冲击荷载等瞬时动态问题，对于加工成型过程中的高度非线性问题，它也能很好地求解。

Abaqus 中提供了一些可用于模拟岩土应力及变形的本构模型，从而可以实现对土体剪胀特性、屈服特性、非线性特性等进行模拟。虽然 Abaqus 功能非常强大，但其在土石坝工程中的应用中还有局限性，即不包含邓肯-张非线性弹性模型。不过，Abaqus 具有灵活和功能强大的二次开发平台，利用 Abaqus 提供的用户自定义材料接口 UMAT 可开发修正邓肯-张模型，从而可望充分利用 Abaqus 计算精度高和模拟复杂问题能力强的优点。

4.3.2 心墙材料模型在 Abaqus 中的实现

此前，人们在使用 Abaqus 对土石坝进行的数值模拟时，普遍采用邓肯-张模型，邓肯-张模型在 Abaqus 中的应用已经得以实现[5-6]。但是目前 Abaqus 软件尚未实现修正邓肯-张模型，因此，本文首先要编制修正邓肯-张模型的计算程序并在 Abaqus 中实现。

Abaqus 用户自定义材料接口 UMAT 的主要任务是给出材料的雅克比矩阵 $\partial\Delta\sigma/\partial\Delta\varepsilon$，雅克比矩阵见式（4-30）。本文根据修正邓肯-张模型的表达式，基于基本增量法，使用 FORTRAN 语言，编制了雅克比矩阵的计算代码。程序的流程图如图 4-29 所示。

编制完成后，使用该修正邓肯-张模型子程序，对浇筑式沥青混凝土三轴试验进行了模拟，发现计算结果与试验结果吻合较好，该子程序能够用于浇筑式沥青混凝土心墙坝的数值模拟。

$$\frac{\partial\Delta\sigma}{\partial\Delta\varepsilon}=\frac{E}{(1-2\upsilon)(1+\upsilon)}\begin{bmatrix}1-\upsilon & \upsilon & \upsilon & 0 & 0 & 0\\ \upsilon & 1-\upsilon & \upsilon & 0 & 0 & 0\\ \upsilon & \upsilon & 1-\upsilon & 0 & 0 & 0\\ 0 & 0 & 0 & 1-2\upsilon & 0 & 0\\ 0 & 0 & 0 & 0 & 1-2\upsilon & 0\\ 0 & 0 & 0 & 0 & 0 & 1-2\upsilon\end{bmatrix} \tag{4-30}$$

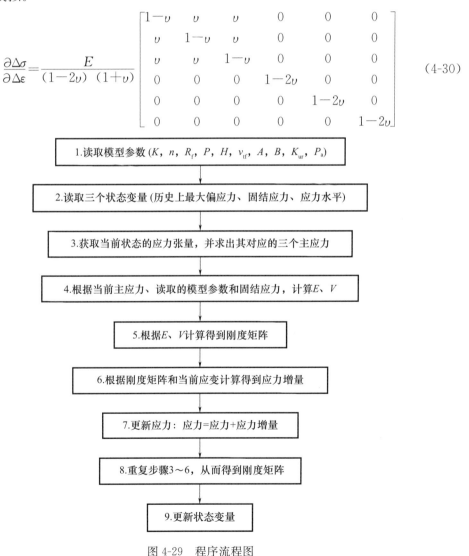

图 4-29　程序流程图

参考文献

［1］ 胡亚元，余启致，张超杰，等．纤维加筋淤泥固化土的邓肯-张模型［J］．浙江大学学报（工学版），2017，51（8）：1500-1508.

［2］ 毛国成，陈晓斌，王晅，等．基于非线性泊松比修正的邓肯-张 E-ν 模型及应用研究［J］．铁道科学与工程学报，2019，16（1）：71-78.

［3］ DUNCAN J M，ZHANG C Y. Nonlinear analysis of stress and strain in soils［J］. Journal of Soil Mechanics and Foundation Division，1970，96（SM5）：1629-1653.

［4］ 袁野，费文平．基于 ANSYS 软件 UPFs 的邓肯-张模型二次开发［J］．武汉大学学报（工学版），2021，54（7）：601-608.

［5］ 费康，张建伟．ABAQUS 在岩土工程中的应用［M］．北京：中国水利水电出版社，2010.

［6］ 费康，刘汉龙．ABAQUS 的二次开发及在土石坝静、动力分析中的应用［J］．岩土力学，2010，31（3）：881-890.

5 浇筑式沥青混凝土心墙工作性态分析

本章结合新疆某浇筑式沥青混凝土心墙坝，以心墙材料的三轴试验为基础，通过对浇筑式沥青混凝土心墙坝进行二维和三维有限元计算分析，探讨了温度、沥青用量和覆盖层厚度等对沥青混凝土心墙工作性态的影响。另外，分别使用邓肯-张模型和修正邓肯-张模型进行了计算，并对两种模型的计算结果进行了对比分析。

5.1 温度和沥青用量对沥青混凝土心墙工作性态的影响

5.1.1 模型及材料参数

为分析坝高、沥青用量、温度等因素对浇筑式沥青心墙坝心墙工作性态的影响，选取新疆某工程浇筑式沥青心墙砂砾石坝的坝基、坝体填筑材料等基本资料作为计算依据，设计了最大坝高分别为 52m、100m、120m 3 个计算方案，坝顶宽 5m，上游坝坡 1:2.2，下游坝坡 1:2.0，心墙直接坐落在基岩上，而心墙两侧的砂砾石坝体则坐落在厚度为 10m 的覆盖层上。大坝坝体与围堰相结合，围堰顶宽 5m，围堰上游坝坡 1:2.0，下坝坡为 1:2.0。坝壳料、过渡料均采用砂砾石填筑，心墙采用浇筑式沥青混凝土。使用 Abaqus 有限元软件进行计算时，本构关系采用邓肯-张模型，计算所用坝体各部分材料的邓肯-张模型参数通过三轴试验得到，分别见表 5-1、表 5-2、表 5-4。为了与沥青用量较少的碾压式沥青混凝土对比，在表 5-4 中同时列出了碾压式沥青混凝土心墙材料的参数。沥青用量为 9% 时，不同试验温度下沥青混凝土材料的修正邓肯-张模型参数见表 5-3。10℃时不同沥青用量的混凝土材料的邓肯-张模型参数见表 5-5。

表 5-1　坝壳料、过渡料及坝基砂砾石材料参数

材料类型	K	n	R_f	C (kPa)	φ (°)	G	F	D	K_{ur}	P (g/cm³)
坝壳料	1000	0.48	0.811	327	45.1	0.41	0.08	1.51	2000	2.47
过渡料	600	0.6	0.7	156	42	0.47	0.09	1.48	1600	2.47
坝基砂砾石	980	0.46	0.71	288	44.9	0.39	0.24	6.5	1960	2.45

表 5-2　不同试验温度下沥青混凝土材料的邓肯-张模型参数（沥青用量为 9%）

温度（℃）	K	n	R_f	C (kPa)	φ (°)	G	D	F	K_{ur}
5	520	0.5	0.86	370	30	0.4991	1.22	0.023	780
10	430	0.33	0.85	300	30	0.5	1.29	0.043	860
15	223	0.25	0.73	200	28	0.51	0.723	0.035	334.5

表 5-3　不同试验温度下沥青混凝土材料的修正邓肯-张模型参数（沥青用量为 9%）

温度（℃）	K	n	R_f	H	P	A	B	v_{tf}	K_{ur}
5	520	0.5	0.86	27.17	−0.8	0.506	−0.04	0.58	780
10	430	0.33	0.85	29.14	−1.5	0.487	−0.025	0.59	645
15	223	0.25	0.73	23.86	−1.6	0.49	−0.011	0.59	334.5

表 5-4　不同沥青用量的沥青混凝土材料的邓肯-张模型参数（温度为 10℃）

沥青用量（%）	K	n	R_f	C（kPa）	φ（°）	G	D	F	K_{ur}
7.2	780	0.08	0.82	580	27.2	0.52	0.08	0.88	1450
9	430	0.33	0.85	300	30	0.5	1.29	0.043	860
10	290	0.2	0.78	230	29	0.505	0.98	0.04	435
11	210	0.15	0.68	220	28	0.51	0.65	0.042	315
12	170	0.15	0.6	140	27	0.5	0.54	0.16	255

注：表中第一行为碾压式沥青混凝土材料参数。

表 5-5　不同沥青用量的沥青混凝土材料的修正邓肯-张模型参数（温度为 10℃）

沥青用量（%）	K	n	R_f	H	P	A	B	v_{tf}	K_{ur}
9	430	0.33	0.85	29.14	−1.5	0.487	−0.025	0.59	645
10	290	0.2	0.78	28.34	−1.1	0.48	−0.007	0.6	435
11	210	0.15	0.68	21.58	−1.5	0.49	−0.0065	0.57	315
12	170	0.15	0.6	19.14	−1.6	0.49	−0.00145	0.54	255

计算时，坝体分 17 级填筑，水荷载分 4 步施加。坝体划分的单元最大尺寸为 1m，最小尺寸为 0.25m，图 5-1 为有限元计算单元划分示意图，坝基两侧计算范围取一倍坝高，覆盖层底部采用固定约束，两侧约束水平方向的位移。

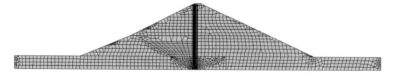

图 5-1　浇筑式沥青混凝土心墙坝有限元计算模型

5.1.2　沥青用量对沥青混凝土心墙工作性态的影响

对使用不同沥青用量（7.2%、9%、10%、11%、12%）的沥青混凝土参数及不同坝高（52m、100m、120m）方案进行计算，从计算结果中提取出了心墙内部的位移极值、大主应力极值和应力水平极值，见表 5-6 及图 5-2、图 5-3。从表 5-6 中数据可知，随着沥青混凝土材料沥青用量的增大，浇筑式沥青混凝土心墙的竖向位移和水平位移虽然有增大的趋势，但增大幅度并不明显。而随坝高的增加，心墙的水平、竖向位移则增大较多。说明在坝高一定时，浇筑式沥青混凝土的沥青用量增大，对心墙位移的影响较小。

表5-6　不同坝高不同沥青用量的沥青混凝土心墙的位移极值

沥青用量		7.2%（碾压）	9%	10%	11%	12%
竖向位移（cm）	坝高 52m	7.13	8.01	8.09	8.13	8.15
	坝高 100m	15.26	15.31	15.37	15.40	15.43
	坝高 120m	18.22	20.11	21.16	21.72	22.13
水平位移（cm）	坝高 52m	2.96	3.01	3.05	3.07	3.07
	坝高 100m	7.1	7.21	7.30	7.38	7.44
	坝高 120m	7.32	8.00	8.57	8.83	9.01

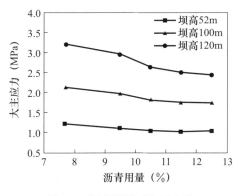

图 5-2　沥青用量对心墙大主
应力极值的影响

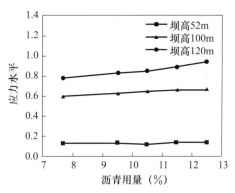

图 5-3　沥青用量对心墙
应力水平极值的影响

通过对心墙内部大主应力极值和应力水平极值的分析发现，随着沥青用量的增大，浇筑式沥青混凝土心墙的大主应力极值逐渐减小，并且，在高坝情况下减小的幅度更为明显；随着沥青用量的增大，应力水平极值在高坝情况下逐渐增大，但在坝高较低情况下变化规律并不明显。说明在坝高较低情况下，沥青用量对于浇筑式沥青混凝土心墙的应力水平影响不大；但在高坝情况下，由于沥青用量增大后使得浇筑式沥青混凝土的强度降低，因此，沥青用量的增大会使心墙的应力水平极值有较为明显的增大。以坝高 120m 方案计算结果为例，当沥青用量为 12% 时，心墙内部的应力水平极值达到 0.9，而沥青用量为 7.2%（碾压式沥青混凝土）时，心墙内部应力水平极值小于0.8。因此，在坝高较大情况下，若采用浇筑式沥青混凝土填筑防渗心墙，宜采用较小的沥青用量。

以上分析表明，在坝高较低情况下，浇筑式沥青混凝土的沥青用量对心墙工作性态的影响很小，但在高坝情况下，沥青用量对心墙性态的影响则较为明显。

5.1.3　温度对沥青混凝土心墙工作性态的影响

对不同温度（5℃、10℃、15℃）下的沥青混凝土参数及不同坝高（52m、100m、120m）方案进行计算，表 5-7 给出了心墙位移极值随温度的变化，图 5-4 和图 5-5 分别给出了大主应力极值和应力水平极值随温度的变化。

表 5-7　不同坝高不同温度下沥青混凝心墙的位移

位移（cm）	坝高（m）	5°	10°	15°
竖向	52	7.97	8.01	8.16
	100	15.25	15.31	15.43
	120	20.88	21.16	22.31
水平	52	3.00	3.01	3.08
	100	7.19	7.21	7.28
	120	8.32	8.57	9.28

从表 5-7 中数据发现，随着温度的升高，浇筑式沥青混凝土心墙的竖向位移和水平位移虽然有增大的趋势，但增大幅度并不明显。说明浇筑式沥青混凝土温度的增大，对心墙位移的影响较小。

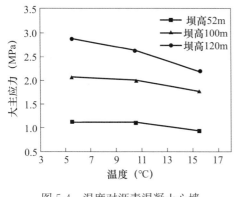

图 5-4　温度对沥青混凝土心墙
大主应力极值的影响

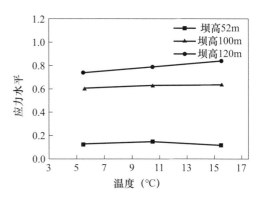

图 5-5　温度对沥青混凝土心墙
应力水平极值的影响

通过对心墙内部大主应力极值和应力水平极值的分析发现，随着温度的升高，浇筑式沥青混凝土心墙的大主应力极值逐渐减小，并且，在高坝情况下减小的幅度更为明显；随着沥青混凝土温度的升高，应力水平极值在高坝情况下逐渐增大，在坝高较低情况下变化规律并不明显。说明在坝高较低情况下，温度对于浇筑式沥青混凝土心墙的应力水平影响不大；但在高坝情况下，由于温度升高后使得浇筑式沥青混凝土的强度降低，因此，温度的升高会使心墙的应力水平极值有较为明显的增大。

上述分析表明，在低坝时，沥青混凝土心墙的工作性态对温度的反应并不敏感；而当坝高较高时，温度对沥青混凝土心墙工作性态的影响较大。

5.2　深厚覆盖层上浇筑式沥青混凝土心墙工作性态分析

随着我国水利事业的发展，优良的坝址越来越少，许多大坝的坝址都选在了有覆盖层的河谷中。建在覆盖层上的沥青混凝土心墙土石坝[1-3]，为了防止坝基渗漏，常在覆盖层中设置混凝土防渗墙，坝体内沥青混凝土心墙的底部与混凝土防渗墙顶连接，形成完整的防渗体系。由于在大坝建成蓄水后，覆盖层会产生较大的变形，导致坝体内部的应力状态发生变化[4-5]。因此，本研究对坐落在覆盖层上的沥青混凝土心墙坝心墙的工作性态进行了计算分析。

5.2.1 模型及材料参数

新疆某工程浇筑式沥青心墙砂砾石坝建在砂砾石覆盖层上，河床表面以上最大坝高为 64m，坝顶宽 8m，上游坝坡 1:2.25，下游坝坡 1:2.0，坝壳料、过渡料均采用砂砾石填筑，坝基覆盖层采用混凝土防渗墙防渗，坝体防渗采用浇筑式沥青混凝土心墙，心墙底部与混凝土防渗墙顶连接。为分析覆盖层厚度对浇筑式沥青混凝土心墙工作性态的影响，以该坝的坝基及坝体填筑材料等基本资料作为计算依据，设计了坝基覆盖层厚度分别为 20m、40m、60m、66m、80m 5 个计算方案。有限元计算所用坝基覆盖层及坝体各填筑部分材料的邓肯-张模型参数通过三轴试验得到，心墙分别采用沥青用量为 10% 的浇筑式沥青混凝土和沥青用量为 7.2% 的碾压式沥青混凝土模拟，见表 5-8，防渗墙使用线弹性模型，弹性模量取 25.5GPa，泊松取比 0.17，密度为 2.45g·cm^{-3}。

表 5-8 坝壳料、过渡料及坝基砂砾石材料参数

材料类型	K	n	R_f	c (kPa)	φ (°)	G	F	D	K_{ur}	ρ (g/cm³)
坝壳料	1000	0.48	0.811	327	45.1	0.41	0.08	1.51	2000	2.47
过渡料	600	0.6	0.7	156	42	0.47	0.09	1.48	1600	2.47
坝基砂砾石	980	0.46	0.71	288	44.9	0.39	0.24	6.5	1960	2.45
沥青混凝土（浇筑）	430	0.33	0.85	300	30	0.5	1.29	0.043	860	2.34
沥青混凝土（碾压）	780	0.08	0.82	580	27.2	0.52	0.08	0.88	1450	2.42

计算时，坝体分 17 级填筑，水荷载分 4 步施加。坝体划分的单元最大尺寸为 2m，最小尺寸为 0.25m，图 5-6 为有限元计算单元划分示意图，坝基两侧计算范围取 1 倍坝高，覆盖层底部采用固定约束，两侧约束水平方向的位移。

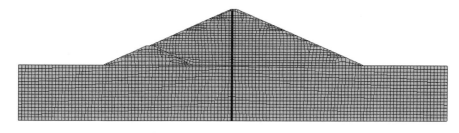

图 5-6 有覆盖层的坝体模型及单元划分情况

5.2.2 深厚覆盖层上沥青混凝土心墙坝计算结果分析

对不同覆盖层厚度情况进行计算，从计算结果中提取出了心墙内部的位移极值、大主应力极值和应力水平极值，如图 5-7～图 5-10 所示。

从图 5-7 和图 5-8 可知，随着覆盖层厚度的加深，浇筑式沥青混凝土心墙的竖向位移和水平位移都是逐渐增大的。浇筑式沥青混凝土心墙的位移要稍大于碾压式沥青混凝土心墙的位移，而且随覆盖层厚度的加深，两种不同材料计算得到的位移差别越来越大。

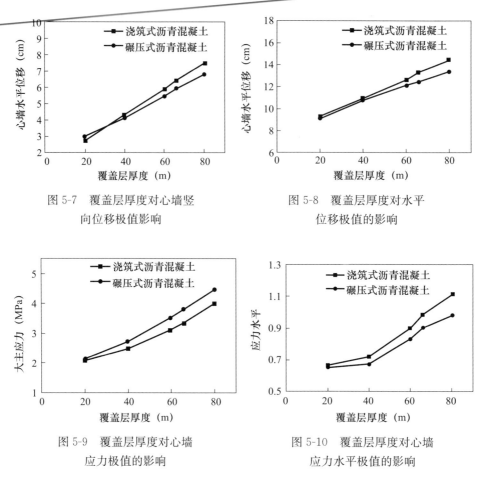

图 5-7　覆盖层厚度对心墙竖
向位移极值影响

图 5-8　覆盖层厚度对水平
位移极值的影响

图 5-9　覆盖层厚度对心墙
应力极值的影响

图 5-10　覆盖层厚度对心墙
应力水平极值的影响

通过对心墙内部大主应力极值和应力水平极值的分析发现，随着覆盖层厚度的加深，浇筑式沥青混凝土心墙的大主应力极值逐渐增大，应力水平极值也逐渐增大。浇筑式沥青混凝土心墙的应力水平极值要大于碾压式沥青混凝土心墙的应力水平极值，而且随覆盖层厚度的加深，两种不同材料计算得到的应力水平极值差别也越大。以覆盖层厚度为 66m 的情况为例，心墙使用浇筑式沥青混凝土材料时，心墙局部范围出现了应力水平大于 1 的点，也就是说心墙内部某些点已经发生了破坏，若使用碾压式沥青混凝土，此时，心墙内部应力水平极值为 0.96。因此，如果坝体坐落在深厚覆盖层上，若采用浇筑式沥青混凝土心墙，应严格控制沥青用量，或采用碾压式沥青混凝土。

5.2.3　心墙同时采用不同沥青混凝土的分析

通过对不同坝高和不同覆盖层厚度的坝体模型结果的分析，发现使用浇筑式沥青混凝土参数计算得到的心墙内部应力水平往往大于使用碾压式沥青混凝土参数计算得到的结果。当坝高较高或者覆盖层较厚时，浇筑式沥青混凝土心墙局部会发生破坏，且发现心墙内部应力水平极值都发生在心墙靠近底部的局部范围。图 5-11 给出沥青混凝土心墙小范围破坏时心墙内部应力水平大于 1 的分布区域，可以发现，应力水平大于 1，也就是可能发生破坏的范围只是心墙底部很小的一个区域，心墙内部大部分区域的应力状态是比较良好的。因此，在实际工程中，可考虑将心墙上部分采用浇筑式沥青混凝土，而心墙的下部分使用碾压式混凝土，以改善心墙底部的应力状态。

某覆盖层厚度 66m 的计算方案中，当心墙采用浇筑式沥青混凝土时，心墙底部小的区域内已经产生了破坏，而心墙采用碾压式沥青混凝土时，其应力水平极值为 0.96。因此，针对计算方案本研究将心墙下半部分使用碾压式沥青混凝土材料参数，上半部分使用浇筑式沥青混凝土材料参数又进行了一次计算。从计算结果中提取的心墙应力水平沿高度的变化如图 5-12 所示。

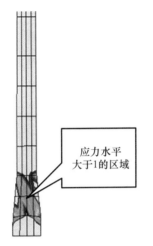

图 5-11 心墙内部应力水平大于 1 的区域

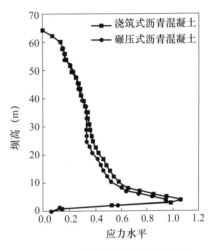

图 5-12 心墙应力水平沿高程分布

从图 5-12 可以发现，心墙下半部分使用碾压式沥青混凝土，上半部分使用浇筑式沥青混凝土时，心墙下半部分的应力状态得到了较好的改善，同时心墙上半部分应力状态变化不大。

综上，考虑到浇筑式沥青混凝土比碾压式沥青混凝土施工流程简单，施工速度快，因此，沥青混凝土心墙下半部分使用碾压式沥青混凝土，上半部分使用浇筑式沥青混凝土是比较好的一种设计施工方案。

5.3 两种本构模型模拟计算结果的对比分析

为对比分析邓肯-张模型和修正邓肯-张模型对浇筑式沥青心墙坝心墙数值计算的结果，选取新疆某工程浇筑式沥青心墙砂砾石坝的坝基、坝体填筑材料等基本资料作为计算依据，设计了最大坝高分别为 52m、64m、100m、120m、160m 5 个计算方案，坝顶宽 5m，上游坝坡 1：2.2，下游坝坡 1：2.0，心墙直接坐在基岩上，而心墙两侧的砂砾石坝体则坐落在厚度为 10m 的覆盖层上。坝壳料、过渡料均采用砂砾石填筑，使用 Abaqus 有限元软件进行计算时，本构关系采用邓肯-张模型；心墙采用浇筑式沥青混凝土，计算时分别使用邓肯-张模型和修正邓肯-张模型。计算所用坝体各部分材料参数见

表 5-1、表 5-2 中 10℃时的浇筑式沥青混凝土参数。

坝体分 17 级填筑，水荷载分 4 步施加。坝体划分的单元最大尺寸为 1m，最小尺寸为 0.25m，图 5-1 为有限元计算单元划分示意图，坝基两侧计算范围取一倍坝高，覆盖层底部采用固定约束，两侧约束水平方向的位移。

通过计算，提取了各模型沥青混凝土心墙的位移、应力和应力水平，如图 5-13～图 5-16 所示。

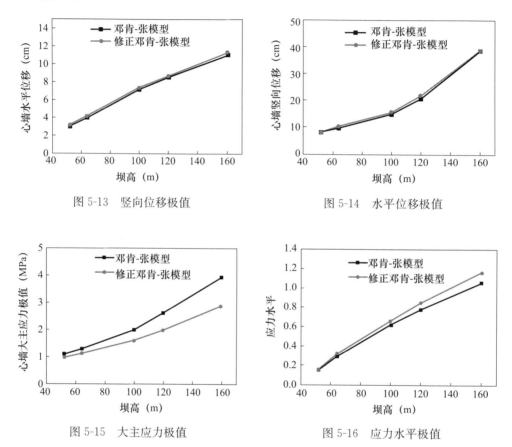

图 5-13　竖向位移极值　　　　　　图 5-14　水平位移极值

图 5-15　大主应力极值　　　　　　图 5-16　应力水平极值

从图 5-13 和图 5-14 可以看到，无论是低坝还是高坝，邓肯-张模型和修正的邓肯-张模型计算得到的位移相差都不大。从图 5-15 可以看出使用修正邓肯-张模型计算得到的大主应力要稍大于使用邓肯-张模型计算出来的结果，而且随着坝高的增高，这种现象越来越明显。从图 5-16 可以看出在低坝情况下两模型计算得到的应力水平差别都不大，随着坝高的增高，可以发现用修正邓肯-张模型计算得到的应力水平要稍大于使用邓肯-张模型计算的结果。所以，使用修正邓肯-张模型在计算高坝时偏安全。

5.4　浇筑式沥青混凝土心墙坝的三维数值分析

对土石坝进行二维有限元计算时，通常是按照平面应变问题来处理的，即假定坝体沿坝轴线方向没有位移，只有应力。但实际上，两岸的岩体并不是完全刚性的，也不是垂直的，因此使用二维平面应变计算得到的坝体应力和应变同实际坝体的应力-应变状态有一定差别[6-7]，因此进行了三维有限元分析。

5.4.1　有限元计算模型

1. 工程概况

新疆某水库总库容为 $995×10^4 m^3$，水库控制灌溉面积 6.5 万亩（1 亩≈666.67m²），为中型Ⅲ等工程，主要建筑物级别为 3 级，次要建筑物级别为 4 级，临时建筑物为 5 级。

水库所在区域处于塔额盆地东北缘塔尔巴哈台山南麓，该山脉西宽东窄，北高南低；分水岭一带海拔 2000m 以上，最高达 2844m，相对高差 500～1000m，属切割较强的中山地形，为上、下古生代地层和花岗岩侵入体所组成的强褶皱断块隆起山地，河谷呈"V"形，两岸山体陡立。

坝址区现代河床为第四纪冲洪积堆积物覆盖，厚度 4.4～13.8m，天然密度 1.98～2.11g/cm³，下伏基岩为下二叠统哈尔加乌组上亚组的玄武岩、安山岩，基岩面以下 4.0m 岩石裂隙发育，可见黄色泥质充填物，属于较破碎强风化岩石，强风化界限埋深 4.0m；强风化界限以下岩石裂隙少量发育，裂隙为白色石英充填，属于较完整弱风化岩石。

该水库由沥青心墙砂砾石坝、导流放水涵洞、溢洪道等建筑物组成。沥青心墙砂砾石坝坝轴线大致呈东西方向，东偏南 2°14′57″。坝顶高程 1218.32m，坝顶宽 5m，最大坝高 52.65m。大坝正常蓄水位 1215.93m，设计洪水位 1216.95m，校核洪水位 1217.36m。防浪墙顶高程 1219.32m，高 2.7m，高出坝顶 1.0m，厚 0.3m，采用钢筋混凝土现浇。浇筑式沥青心墙与防浪墙底部相连，心墙厚 0.5m。大坝上游坝坡 1：2.0，采用 15cm 厚现浇混凝土护坡，下游坝坡 1：2.0，同时在坝后设置 5m 宽的"之"字型上坝公路，坝坡综合坡度 1：2.23。大坝坝体与围堰相结合，围堰顶高程 1192.5m，围堰顶宽 5m，围堰上游坝坡 1：2.0，下坝坡为 1：2.0。围堰也采用砂砾石填筑。大坝的纵、横剖面分别如图 5-17、图 5-18 所示。

2. 坝体几何模型

在对该工程进行模型建立时，根据实际情况做了稍许的简化处理：没有考虑下游坝坡"之"字形上坝公路和高出坝顶 1m 的防浪墙；坝基顺河向分别向上、下游取 1 倍的坝高。底部采用固定约束，四周约束水平方向自由度。共划分 57266 个单元，62598 个节点，整体网格划分如图 5-19 所示，坝体顺河向最大剖面网格如图 5-20 所示，坝体顺河向最大剖面网格如图 5-21 所示。

3. 计算模型参数

坝壳料、过渡料和坝基砂砾石均采用邓肯-张 E-v 模型，材料参数见表 5-1；浇筑式沥青混凝土心墙采用邓肯-张模型，其材料参数见表 5-2 中 10℃ 对应的浇筑式沥青混凝土参数；基岩采用线弹性模型，材料参数见表 5-9。

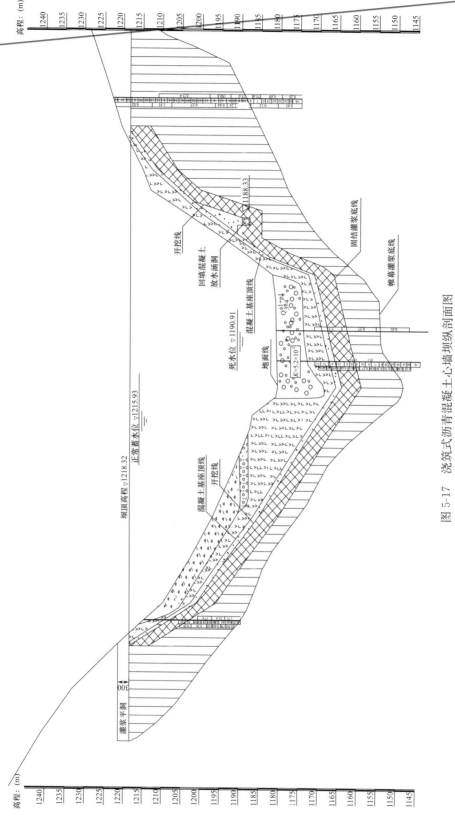

图 5-17　浇筑式沥青混凝土心墙坝纵剖面图

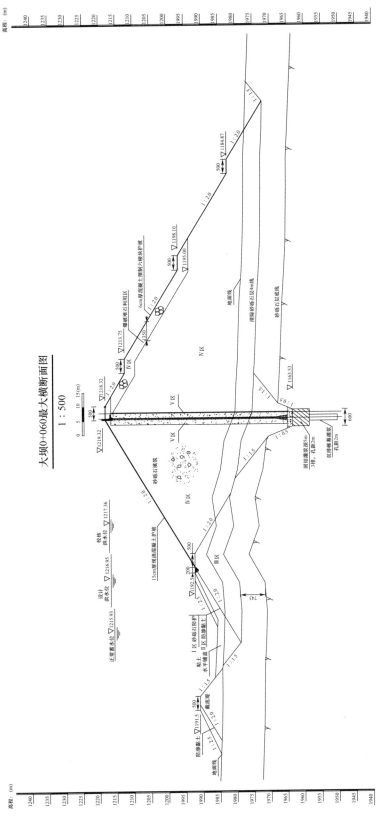

大坝0+060最大横断面图

1：500

图5-18 浇筑式沥青混凝土心墙坝横剖面图

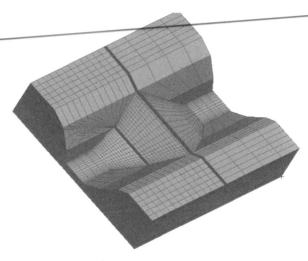

图 5-19　浇筑式沥青混凝土心墙坝三维有限元模型

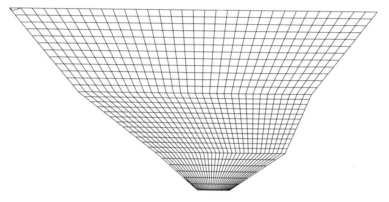

图 5-20　沥青混凝土心墙坝轴线剖面网格图

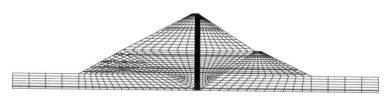

图 5-21　坝体最大横剖面网格图

表 5-9　基岩弹性参数

弹性模量 E（GPa）	泊松比 ν	密度 ρ（g/cm³）
25	0.21	2.6

4. 坝体的填筑加载过程

对坝体进行分层加载不仅能够反映出施工过程中各个阶段应力和变形情况，还能够体现出结构本身随施工过程的变化，能更好地体现材料的非线性，也更符合实际。

模型中的荷载按照施工顺序分 21 级，第 1 级：对坝基、基岩和覆盖层施加重力，同时在该级进行地应力平衡；第 2～6 级：填筑上游围堰；第 7～17 级：填筑坝体；第

18~21级：分别模拟蓄水至1/4、2/4、3/4、正常蓄水位时的坝体应力及变形状态。

5.4.2 计算结果分析

表5-10给出了二维和三维计算得到的该工程的坝体在竣工期和满蓄期的应力-应变、位移和应力水平极值。图5-22~图5-36给出了三维计算得到的该工程心墙的位移、应力-应变和应力水平的等值线图。对于竖向位移，正号表示竖直向上，负号表示竖直向下；对于横河向位移负号表示向左岸，正号表示向右岸；对于应力正号表示压力，负号表示拉力；对于应变，正号表示压缩，负号表示伸长。

表5-10　沥青心墙坝位移、应力-应变和应力水平极值表

名称			竣工期		满蓄期	
			三维结果	二维结果	三维结果	二维结果
坝壳变形（cm）	竖向位移	竖直向下	10.40	8.34	10.70	8.75
	横河向水平位移	向左岸	5.25		5.62	
		向右岸	1.21		1.30	
	顺河向水平位移	向上游	2.87	3.68		
		向下游	3.39	3.84	4.21	5.81
心墙变形（cm）	竖向位移	竖直向下	6.92	8.27	6.77	8.08
	横河向水平位移	向左岸	1.29		1.38	
		向右岸	1.22		1.33	
	顺河向水平位移	向上游	0.55	0.51		
		向下游	0.35	0.03	1.87	3.05
坝壳应变（%）	大主应变		4.73	0.43	4.99	0.48
	小主应变		−2.74	−0.15	−2.94	−0.19
心墙应变（%）	大主应变		1.21	0.44	1.24	0.60
	小主应变		−1.08	−0.30	−1.01	−0.34
坝壳应力（MPa）	大主应力		3.46	1.14	3.85	1.22
	小主应力		−0.68	0.00	−0.76	−0.03
心墙应力（MPa）	大主应力		1.08	0.84	1.38	1.06
	小主应力		−0.03	0.03	−0.03	0.02
坝壳应力水平			0.78	0.15	0.80	0.26
沥青心墙应力水平			0.25	0.11	0.25	0.12

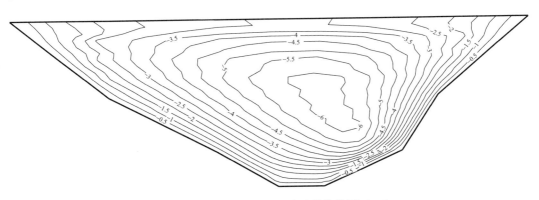

图5-22　竣工期心墙竖向位移等值线图（cm）

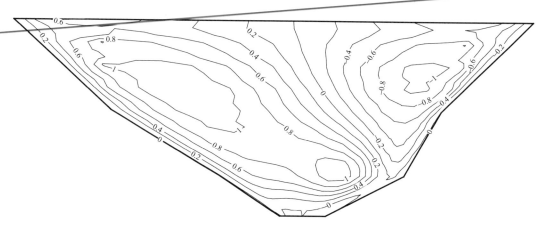

图 5-23　竣工期心墙横河向位移等值线图（cm）

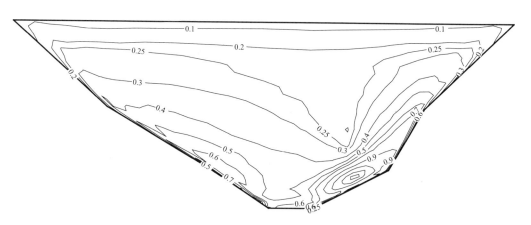

图 5-24　竣工期大主应变等值线图（%）

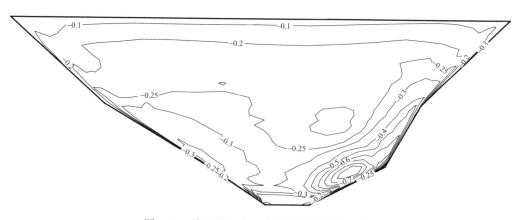

图 5-25　竣工期心墙小主应变等值线图（%）

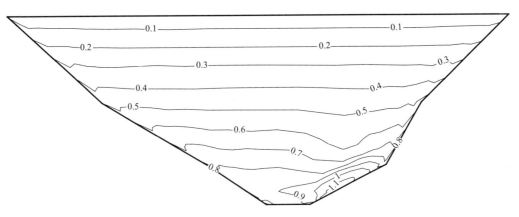

图 5-26 竣工期心墙大主应力等值线图（MPa）

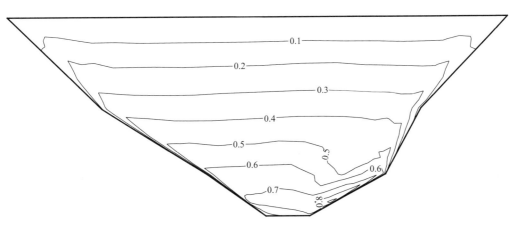

图 5-27 竣工期心墙小主应力等值线图（MPa）

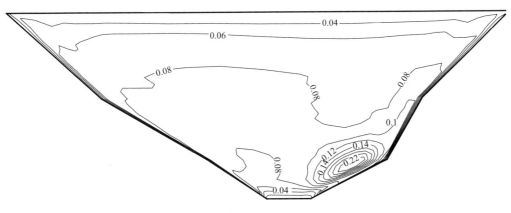

图 5-28 竣工期心墙应力水平等值线图

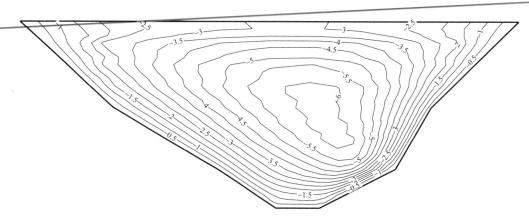

图 5-29　满蓄期竖向心墙位移等值线图（cm）

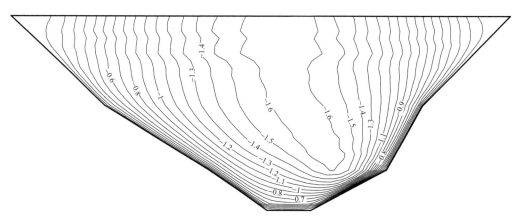

图 5-30　满蓄期心墙顺河向位移等值线图（cm）

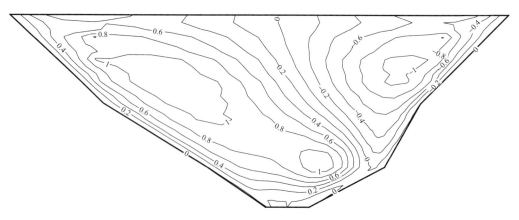

图 5-31　满蓄期心墙横河向位移等值线图（cm）

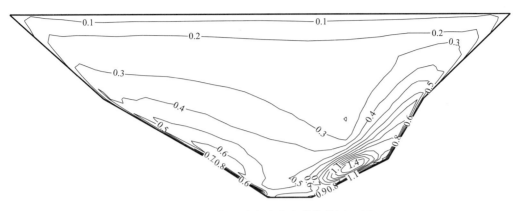

图 5-32 满蓄期心墙大主应变等值线图（%）

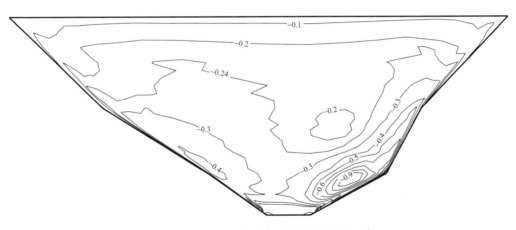

图 5-33 满蓄期心墙小主应变等值线图（%）

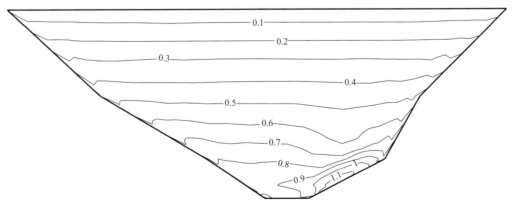

图 5-34 满蓄期心墙大主应力等值线图（MPa）

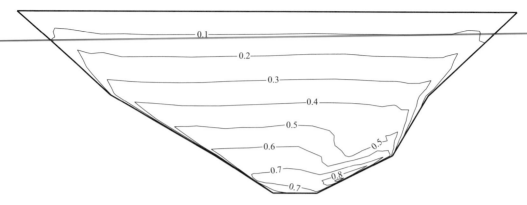

图 5-35　满蓄期心墙小主应力等值线图（MPa）

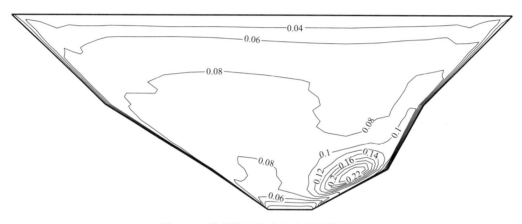

图 5-36　满蓄期心墙应力水平等值线图

1. 变形分析

对于坝壳料，竣工期最大竖向位移是 10.4cm，发生在坝体 1/3 高度的位置，沉降量占坝体高度的 0.2%；满蓄期最大竖向位移为 10.70cm，发生位置仍然是在坝体 1/3 高度的位置。竣工期横河向水平位移最大值是 5.25cm，满蓄期最大横河向位移是 5.62cm，无论是满蓄期还是竣工期，横河向位移都几乎沿河道对称分布。满蓄期顺河向最大水平位移发生在下游坝壳料大约 1/2 坝高的位置，值是 4.21cm。

对于浇筑式沥青混凝土心墙，在竣工期其最大竖向位移是 6.92cm，发生在 1/3～1/2 坝高处，如图 5-22 所示。满蓄期最大竖向位移为 6.77cm，发生位置和竣工期最大竖向位移发生位置相同，如图 5-29 所示。竣工期心墙沿横河方向向左岸和右岸水平位移最大值分别是 1.29cm 和 1.22cm，在满蓄期分别是 1.38cm 和 1.33cm，如图 5-23 和图 5-31 所示。满蓄期顺河向最大位移为 1.87cm，如图 5-30 所示。

2. 应力及应力水平分析

对于坝壳料，竣工期大主应力极值为 3.46MPa，小主应力极值为 −0.68MPa，满蓄期大主应力为 3.85MPa，小主应力极值为 −0.76MPa，都发生在堆石体底部与两岸山体相交接的位置。在堆石体底部与两岸山体交接的局部位置出现了拉应力。出现拉应力的位置正好位于设置沥青混凝土心墙而深挖的心墙两侧。竣工期应力水平极值为

0.78，满蓄期为 0.80，应力极值发生位置同应力水平发生位置一致。

对于浇筑式沥青混凝土心墙，竣工期和满蓄期大主应力分别为 1.04MPa 和 1.38MPa，发生在心墙底部同右岸山体交接的位置，如图 5-26 和图 5-34 所示。竣工期和满蓄期应力水平最大值都是 0.25，发生位置和大主应力极值发生的位置相同，如图 5-28、图 5-36 所示。

3. 二维和三维结果的对比分析

从表 4-2 中，发现对于该浇注式沥青混凝土心墙坝，二维模型计算得到的应力水平极值小于三维模型计算的结果，从图 5-28 和图 5-36 可以看出，三维结果中应力水平极值发生在心墙和两岸岸坡相交接的位置，而从图 5-12 看到二维模型计算得到的应力水平极值发生在心墙向上 10m 范围内。

因此得到如下结论：心墙与岸坡交接处很容易产生应力集中，而二维的计算无法体现出这种现象，因此，对于岸坡有变化的坝体，最好能进行三维有限元分析，从而全面又准确地掌握心墙内部应力分布状况。岸坡的变化会导致岸坡与心墙交接位置出现应力水平过大的现象，该沥青混凝土心墙坝仅 53m 高，因此，在心墙与岸坡接触的位置虽有应力集中，但是应力水平并不是特别大；但对于高坝来说，心墙与岸坡接触的部位一定要谨慎设计。

参考文献

［1］ 李江，李湘权．新疆特殊条件下面板堆石坝和沥青混凝土心墙坝设计施工技术进展［J］．水利水电技术，2016，47（3）：2-8，20．

［2］ 王宗凯，宋志强，刘云贺．深厚覆盖层上沥青混凝土心墙坝非平稳随机地震动响应分析［J］．振动与冲击，2024，43（9）：298-308．

［3］ 邹德高，屈永倩，孔宪京，等．超深覆盖层上高沥青心墙坝防渗墙受力状态的精细化分析［J］．岩土力学，2023，44（6）：1826-1836．

［4］ 冯蕊，何蕴龙．超深覆盖层上沥青混凝土心墙堆石坝防渗系统抗震安全性［J］．武汉大学学报（工学版），2016，49（1）：32-38．

［5］ 只炳成，宋志强，王飞．深厚覆盖层特性变化对沥青混凝土心墙坝动力反应影响研究［J］．水资源与水工程学报，2020，31（5）：189-194．

［6］ 吴海林，彭云枫，杜晓帆，等．沥青混凝土心墙坝应力变形及水力劈裂研究［J］．水力发电学报，2015，34（4）：119-127．

［7］ 余翔，孔宪京，邹德高，等．覆盖层中混凝土防渗墙的三维河谷效应机制及损伤特性［J］．水利学报，2019，50（9）：1123-1134．

6 基于不同最大粒径的浇筑式沥青混凝土静力性能分析

目前所建沥青混凝土心墙坝大多选取骨料最大粒径为 19mm。这是因为我国《土石坝沥青混凝土面板和心墙设计规范》规定粗骨料最大粒径不大于 16~19mm，然而该规范基本沿用了道路交通路面沥青混凝土设计思想[1-2]。一般道路沥青混凝土面层铺筑厚度根据道路级别划分，一般市政路面沥青混凝土厚度铺筑在 10cm 左右，为骨料最大粒径的 3~5 倍，因此，道路交通路面沥青混凝土骨料最大粒径选择在 19mm 左右[3-5]。而对于浇筑式沥青混凝土防渗墙而言一般厚度在 40~50cm，因此，骨料最大粒径是否可以适当提高至 31.5mm，提高最大骨料粒径对浇筑式沥青混凝土材料的力学性质会有什么样的影响，这些都是工程界比较关注的问题。本章将根据优选出的配合比进行静三轴试验，结合新疆某浇筑式沥青混凝土心墙坝的建设，探讨两种最大骨料粒径对浇筑式沥青混凝土的静力特性的影响。

6.1 浇筑式沥青混凝土静力三轴试验

6.1.1 试验条件

（1）试件来源：试验选用 D_{max}＝19mm 的推荐配合比 LJ19-8 号和 D_{max}＝31.5mm 的推荐配合比 LJ31.5-3 号。依据以上配合比在实验室浇筑成型，并测定试件密度。

（2）试件尺寸要求：ϕ100mm×200mm，试件尺寸偏差±2mm。

（3）试验温度：考虑到新疆心墙常年温度为 10℃，定为 10℃。

（4）试验轴向加载速度：速率为 0.18mm/min，应变速率 0.09%/min。

（5）试验围压：试验选用 4 个不同的围压即 0.2 MPa、0.3 MPa、0.4 MPa、0.6 MPa。

6.1.2 试验方法

试验在三轴仪上进行，整个试验过程保持室温恒定在 10℃±0.5℃。轴向力采用轴力传感器、轴向变形采用轴向位移传感器，体积变形由体变管量测。首先将试件放入压力室后，对中，将放入试件的压力室通水恒温且不少于 3h。调整试验仪轴向轴力传感器，与试件顶部压盖接触，并使体变管油面稳定。开启量测系统，施加设定的围压，并保持恒压 30min。按规定变形速率施加轴向压力，同时记录轴向压力、轴向变形、体变变形，并控制试验过程中的围压、温度和变形速度保持恒定。当轴向压力出现最大值后停止试验。试验完成后，即可卸去轴压和围压，取出压力室中的试件。

6.1.3 试验方案

根据 $D_{max}=19mm$ 和 $D_{max}=31.5mm$ 的优化配比，每种优化配比的浇筑式沥青混凝土分别进行 4 个围压（0.2MPa、0.3MPa、0.4MPa、0.6MPa）的静三轴试验，每个围压做 3 个试件，试验结果取其平均值。

6.2 试验结果及分析

6.2.1 试验结果分析

根据试验方案，每种配比的沥青混凝土分别进行 0.2MPa、0.3MPa、0.4MPa、0.6MPa 4 个围压的静三轴试验，试验结果见表 6-1 和表 6-2。

表 6-1 沥青混凝土静三轴试验结果（最大粒径 31.5mm）

围压 σ_3 （MPa）	密度 （g/cm³）	最大偏应力 $(\sigma_1-\sigma_3)$ （MPa）	最大偏应力时对应的轴向应 ε_{1max}（%）	最大压缩体应变 ε_v（%）	最大压缩应变时的偏应力 $(\sigma_1-\sigma_3)$ （MPa）	最大压缩应变时的轴向应变 ε_1 （%）
0.2	2.40	1.517	8.985	−0.024	0.429	0.81
0.3	2.41	1.746	8.618	−0.018	0.408	0.718
0.4	2.40	1.900	10.136	−0.031	0.535	0.900
0.6	2.40	2.303	13.116	−0.088	1.085	2.366

表 6-2 沥青混凝土静三轴试验结果（最大粒径 19mm）

围压 σ_3 （MPa）	密度 （g/cm³）	最大偏应力 $(\sigma_1-\sigma_3)$ （MPa）	最大偏应力时对应的轴向应 ε_{1max}（%）	最大压缩体应变 ε_v（%）	最大压缩应变时的偏应力 $(\sigma_1-\sigma_3)$ （MPa）	最大压缩应变时的轴向应变 ε_1 （%）
0.2	2.34	1.445	10.154	−0.0124	0.375	0.719
0.3	2.33	1.574	11.49	−0.0184	0.400	0.81
0.4	2.34	1.753	11.63	−0.025	0.443	0.90
0.6	2.33	2.244	12.71	−0.060	0.887	1.94

从表 6-1 和表 6-2 可知，$D_{max}=31.5mm$ 的最大偏应力在 4 个不同的围压下均比 $D_{max}=19mm$ 的偏应力大，但最大压缩体应变所对应的偏应力并非是最大偏应力，而总是存在滞后现象。这是由于加荷到一定的程度后，孔隙被沥青胶浆所填充，孔隙被压缩到最小；自由沥青被挤出，此时粗骨料与细骨料充分接触，骨料咬合紧密，试件体积被压缩到最小，尤其是在高围压的情况下，如图 6-3、图 6-4 所示。可以看出当围压为 0.6MPa 时，随着轴应变增大，体积应变达到最大值，粗细骨料之间的沥青薄膜厚度也最薄，接触面积也达到了最大，当达到这些条件时，粗细骨料才会趋于滑动状态，就会出现滞后现象。

根据试验结果，浇筑式沥青混凝土材料的偏应力 $(\sigma_1-\sigma_3)$ 与轴向应变 ε_1 关系如图 6-1、图 6-2 所示，体应变 ε_v 与 ε_1 之间关系如图 6-3、图 6-4 所示。

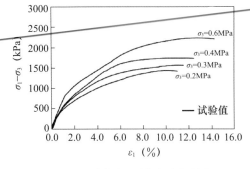

图 6-1　不同围压下偏应力与轴向
应变对比图（最大粒径 19mm）

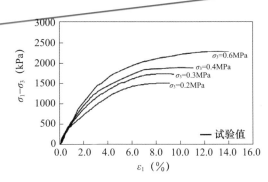

图 6-2　不同围压下偏应力与轴向
应变对比图（最大粒径 31.5mm）

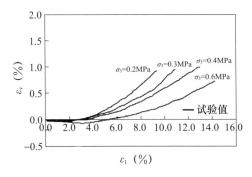

图 6-3　不同围压下体应变与轴向
应变对比图（最大粒径 19mm）

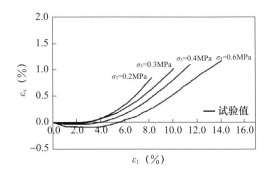

图 6-4　不同围压下体应变与轴向
应变对比图（最大粒径 31.5mm）

由图 6-1～图 6-4 应力-应变曲线来看，基本上符合邓肯-张双曲线模型，粒径 19mm 更加符合双曲线模型。从图 6-1 及图 6-2 可以看出，轴向应变在 0.7％范围之内均有较小的反弯段。主要是由于初始加载荷载阶段，沥青混凝土中还存在一定的孔隙，矿料之间并没有直接接触，容易被压缩，同时初始荷载主要还是由沥青的黏聚力所承担。但在图 6-2 中并不明显，主要是由于 D_{max}＝31.5mm 沥青用量较少，为 7.5％，而 D_{max}＝19mm 的沥青用量为 9％，所以沥青黏聚力作用较弱，因此 D_{max}＝31.5mm 的反弯段不明显。

在图 6-1 中，前部分近似为直线阶段，轴向应变范围在 0.8％～1.8％。图 6-2 中直线阶段为 0.4％～2.4％。当围压在 0.6MPa 时，直线增长范围达到了 3％，此时斜率也较大，随着主应变的增加，偏应力增加较快。出现这种现象是由于轴向力增加到一定情况下，孔隙已被压缩到很小，沥青混凝土内部已逐渐密实，随着长时间的加载，荷载逐渐传递到骨料之间，骨料之间承受主要荷载，此时应力急剧增大。当轴向应变达到一定数值时，应力-应变曲线增加的趋势变缓，基本呈双曲线分布。相同主应变下，偏应力随着围压的增大而增大。随着主应变的增加，围压对偏应力的影响越明显。

由图 6-3 及图 6-4 可知，在主应变较小时，围压对体积应变的影响很小。随着围压的增大，围压对体积应变的影响逐渐增大，浇筑式沥青混凝土的体积压缩极值也增大。随着轴向应力的不断增大，体积应变逐渐再减小，直到恢复至原始体积，并随着轴应变的不断增大，试件均发生了剪胀性。试件内部材料重新分布，直到被破坏，出现臌胀。

6.2.2 本构模型参数

由图 6-1～图 6-4 可以看出，该配合比的浇筑式沥青混凝土应力-应变曲线呈非线性关系，按邓肯-张双曲线模型拟合，按 $E\text{-}v$ 模型进行回归，得到非线性参数见表 6-3、表 6-4。

表 6-3　心墙模型参数计算结果（最大粒径 19mm）

密度 ρ (g/cm³)	模量数 K	模量指数 n	内摩擦角 φ (°)	凝聚力 c (MPa)	破坏比 R_f	非线性系数		
						G	F	D
2.33	457.09	0.32	28.2	0.326	0.76	0.49	0.02	0.97

表 6-4　心墙模型参数计算结果（最大粒径 31.5mm）

密度 ρ (g/cm³)	模量数 K	模量指数 n	内摩擦角 φ (°)	凝聚力 C (MPa)	破坏比 R_f	非线性系数		
						G	F	D
2.41	489.78	0.34	29.2	0.344	0.72	0.50	0.04	1.24

6.2.3 模型参数修正

将模型参数中 K、n、R_f、c、φ 代入 $E\text{-}v$ 双曲线模型中，可得到理论主应力差 $(\sigma_1-\sigma_3)$ 与轴向应变 ε_1 关系曲线，同时将参数中 G、F、D 代入理论公式计算出相应的体应变 ε_v。将试验曲线与理论曲线进行对比，并对上述试验参数进行修正，得到修正后 $E\text{-}v$ 模型参数，见表 6-5、表 6-6。修正后的 $E\text{-}v$ 模型偏应力与轴向应变关系曲线，如图 6-5 和图 6-7 所示。修正后 $E\text{-}v$ 模型体应变与轴向应变关系曲线，如图 6-6 和图 6-8 所示。

表 6-5　修正后 $E\text{-}v$ 模型参数参数表（最大粒径 19mm）

密度 ρ (g/cm³)	模量数 K	模量指数 n	内摩擦角 φ (°)	凝聚力 c (MPa)	破坏比 R_f	非线性系数		
						G	F	D
2.33	450	0.29	27.8	0.320	0.73	0.49	0.04	0.80

表 6-6　修正后 $E\text{-}v$ 模型参数参数表（最大粒径 31.5mm）

密度 ρ (g/cm³)	模量数 K	模量指数 n	内摩擦角 φ (°)	凝聚力 c (MPa)	破坏比 R_f	非线性系数		
						G	F	D
2.41	530.0	0.35	29.0	0.365	0.74	0.49	0.05	0.86

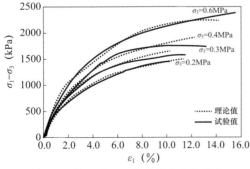

图 6-5　修正后 $E\text{-}v$ 模型偏应力与轴向
应变关系曲线（最大粒径 19mm）

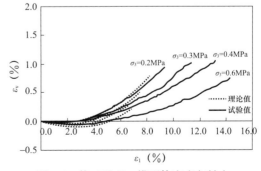

图 6-6　修正后 $E\text{-}v$ 模型体应变与轴向
应变关系曲线（最大粒径 19mm）

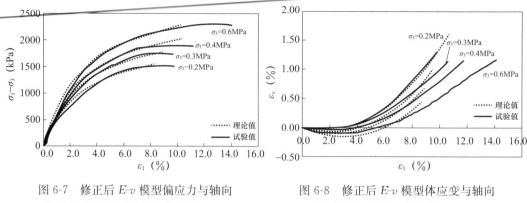

图 6-7　修正后 $E\text{-}v$ 模型偏应力与轴向　　　　图 6-8　修正后 $E\text{-}v$ 模型体应变与轴向
　　　　应变关系曲线（最大粒径 31.5mm）　　　　　　应变关系曲线（最大粒径 31.5mm）

6.3　静力有限元分析

结合新疆某浇筑式沥青混凝土心墙坝，根据骨料最大粒径分为两组：一组为 $D_{\max}=$ 31.5mm，另一组为 $D_{\max}=19$mm。根据两组静三轴试验内容为基础，通过对其进行二维有限元计算分析，探讨骨料最大粒径对浇筑式沥青混凝土心墙坝在竣工期及满蓄期这两种工况下的影响。

6.3.1　模型及材料参数

新疆某浇筑式沥青混凝土心墙砂砾石坝，最大坝高 65.01m，坝顶宽 6m，沥青混凝土心墙底部厚度为 0.7m，顶部厚度 0.5m。大坝上游坝坡为 1：2.0，下游坝坡为 1：2.59。大坝分为 4 个区：从上游到下游分别为：大坝砂砾石区、过渡料区、沥青混凝土心墙和下游堆石区。大坝砂砾石区：采用部分利用料和 C1、C3 砂砾料场料填筑，砂砾石相对密度 $D_r \geqslant 0.85$。过渡料区：位于心墙两侧，过渡料区从 C1 料场筛分制备。沥青混凝土心墙：大坝防渗体为浇注式沥青混凝土心墙，心墙采用垂直布置形式，沥青混凝土心墙轴线位于大坝轴线上游 2.45m 处，与坝轴线平行。下游堆石区：利用溢洪道和放水隧洞爆破料填筑。

使用 Abaqus 有限元软件进行计算时，本构关系采用邓肯-张模型，计算所用坝体各部分材料的邓肯-张 $E\text{-}v$ 模型参数都是通过静三轴试验得到，具体计算参数见表 6-7。

表 6-7　坝体材料计算参数汇总表

坝料	ρ (g/cm³)	K	n	R_f	c (Pa)	φ (°)	G	F	D	K_{nr}
上游一区 下有一区 围堰	2.13	840	0.40	0.80	90000	42.1	0.42	0.12	1.6	1680
下游二区	2.16	810	0.42	0.77	140000	42.9	0.43	0.13	2.1	1620
过渡料	2170	890	0.34	0.80	158000	42.5	0.45	0.15	2.4	1780

续表

坝料	ρ (g/cm³)	K	n	R_f	c (Pa)	φ (°)	G	F	D	K_{nr}
坝基料	2170	890	0.34	0.80	158000	42.5	0.45	0.15	2.4	1780
沥青混凝土心墙 （浇筑式 19mm）	2330	450	0.29	0.73	320000	27.8	0.49	0.04	0.80	900
沥青混凝土心墙 （浇筑式 31.5mm）	2410	530	0.35	0.74	365000	29	0.49	0.05	0.86	1060
混凝基座	2.40				$E=22500\text{MPa}$ $v=0.20$					

浇筑式沥青混凝土心墙坝有限元网格剖分如图 6-9 所示，大坝的有限元网格共有单元 7431 个，结点 7661 个。沥青混凝土心墙单元最大几何尺寸 1.8m，坝体 2m，加大了网格密度，提高了计算精度。根据统计一般工程单元几何尺寸多取 8~10m。坝体填筑分为 10 级，蓄水分为 4 级。计算分两种工况：竣工期及满蓄期。

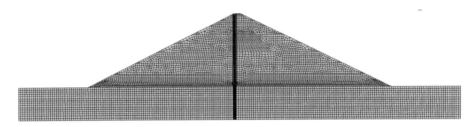

图 6-9　大坝平面有限元分析网格剖分图

6.3.2　计算结果分析

根据浇筑式沥青混凝土心墙坝有限元计算方案，对竣工期和水库满蓄期大坝二维非线性有限元分析，浇筑式沥青混凝土心墙成果，见表 6-8。

表 6-8　浇筑式沥青混凝土心墙有限元分析成果

名称			竣工期		满蓄期	
			$D_{\max}=19\text{mm}$	$D_{\max}=31.5\text{mm}$	$D_{\max}=19\text{mm}$	$D_{\max}=31.5\text{mm}$
心墙变形（cm）	竖向位移	竖直向下	28.13	28.07	27.26	27.19
	顺河向水 平位移	向上游	1.46	0.00	—	—
		向下游	0.00	0.00	14.88	14.79
心墙应变 （%）	大主应变		1.75	1.75	1.69	1.69
	小主应变		−1.54	−1.51	−1.45	−1.43
心墙应力 （MPa）	大主应力		1.79	1.91	2.22	2.25
	小主应力		0.03	0.03	0.01	0.01
沥青心墙应力水平			0.50	0.52	0.50	0.52

1. 心墙位移

在竣工期和满蓄期，沥青混凝土心墙水平位移和竖向位移随坝高的变化规律，如图 6-10（最大粒径为 31.5mm）和图 6-11（最大粒径为 19mm）所示。

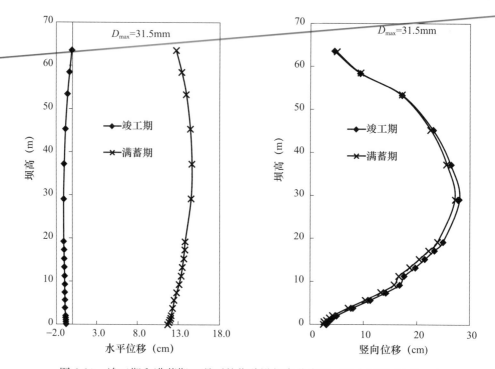

图 6-10　竣工期和满蓄期工况下的位移沿坝高分布图（最大粒径 31.5mm）

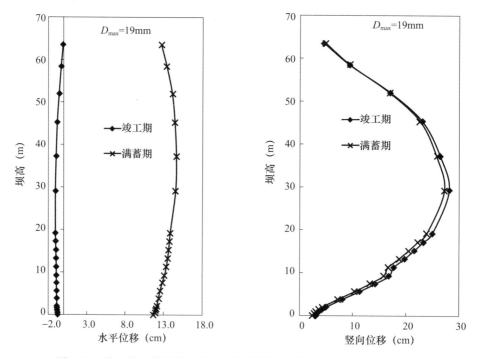

图 6-11　竣工期和满蓄期工况下的位移沿坝高分布图（最大粒径 19mm）

　　由表 6-8、图 6-10、图 6-11 可以看出，两种骨料最大粒径（D_{max}＝31.5mm 和 D_{max}＝19mm）无论是竣工期还是满蓄期，心墙内部位移（水平位移和竖向位移）沿坝高分布趋势基本一致。在竣工期和满蓄期，坝体的竖向最大位移，均发生在坝高为 28.0cm 左右。

2. 心墙应力水平及主应力比

在竣工期和满蓄期，沥青混凝土心墙应力水平随坝高的变化规律，如图 6-12 所示。

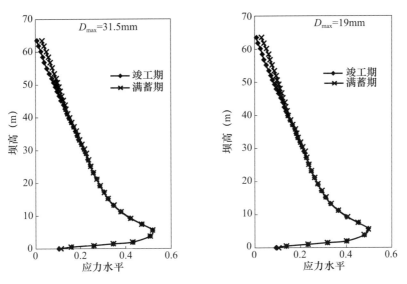

图 6-12 竣工期和满蓄期工况下的应力水平沿坝高分布图

图 6-12 为竣工期和满蓄期，两种骨料最大粒径下浇筑式沥青混凝土心墙应力水平沿坝高的分布图，并且应力水平均有坝顶向坝基逐步加大的分布规律，其最大值均位于心墙与混凝土基座的结合部位；在竣工期和满蓄期，两种骨料最大粒径的沥青混凝土心墙的应力水平分别为 0.50、0.52，其应力水平均较低，表明沥青混凝土心墙不可能产生剪力破坏，安全储备能力高。

图 6-13 为满蓄期工况下，沥青混凝土心墙中的主应力比沿坝高的分布，表明坝体的主应力比（$\lambda = \sigma_3 / \sigma_1$）的值均在 0.40~0.50，这反映沥青混凝土心墙具有一定的柔性，能够满足心墙与过渡料的同步变形。

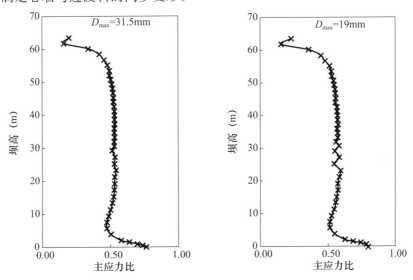

图 6-13 满蓄期工况下主应力比沿坝高分布图

3. 水力劈裂的风险评估

由图 6-14 可以看出，两种不同骨料最大粒径沥青混凝土心墙的竖向应力和主应力均大于该处的水压力，因此无论是水平向还是竖直向，心墙均不会发生水力劈裂。相对于竖向抗水力劈裂能力，水平向具有更大的安全储备。

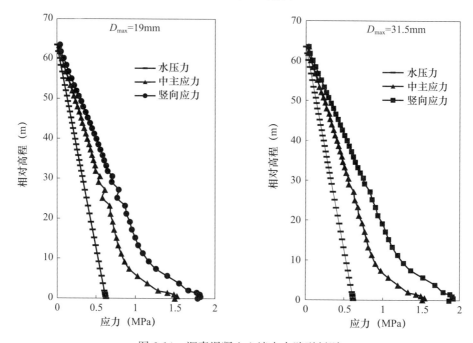

图 6-14 沥青混凝土心墙水力劈裂判别

参考文献

［1］ 雷斌，杨辅智，吕源，等．大粒径再生粗骨料混凝土墩基础竖向受压性能［J］．建筑结构学报，2021，42（S1）：514-522.

［2］ 管俊峰，胡晓智，李庆斌，等．边界效应与尺寸效应模型的本质区别及相关设计应用［J］．水利学报，2017，48（8）：955-967.

［3］ 周雪庐，何淅淅．最大骨料粒径对纳米硅灰混凝土强度影响试验研究［J］．建筑结构，2020，50（S2）：519-523.

［4］ 蒋正武，袁政成，钱辰．超大粒径骨料机制砂自密实混凝土构件性能［J］．建筑材料学报，2016，19（3）：550-555.

［5］ 钱国平，李崛，李辉忠．沥青砂浆力学性能的粒径效应试验研究［J］．公路交通科技，2017，34（2）：1-6，14.

7 浇筑式沥青混凝土动力特性试验及本构模型探讨

浇筑式沥青混凝土材料具有非线性、滞后性等特点，而材料的动模量和阻尼比能够反映其非线性和滞后性的特点。因此，研究浇筑式沥青混凝土的动应力-应变关系及其动模量和阻尼比是进行浇筑式沥青混凝土动力响应分析的基础[1-2]，材料动力特性计算参数的准确性是进行土石坝动力反应分析的前提和保证。Hardin-Drnevich模型因能够用动剪切模量和阻尼比来反映材料在动力荷载作用下的非线性和滞后性，且简单实用、参数容易获取而得到了广泛的应用[3-5]。

本章以新疆某浇筑式沥青混凝土心墙坝的心墙材料为研究对象，进行动力三轴试验，研究浇筑式沥青混凝土动应力-应变关系及其动模量和阻尼比特性。在浇筑式沥青混凝土动力特性试验成果分析的基础上，对Hardin-Drnevich模型进行了改进。以通用有限元软件ADINA为基础，采用FORTRAN语言，基于改进的Hardin-Drnevich模型，编制土石坝地震动力计算程序。基于沈珠江残余变形增量模型，编制了永久变形程序。

7.1 试验设备及材料

7.1.1 试验设备

试验采用TAJ-20振动三轴仪，如图7-1所示。该仪器可以施加不同形式和不同强度的振动荷载，测出振动作用下试样的应力和应变等，从而对材料的有关指标的变化规律做出定性和定量的判断。该仪器采用两套电液伺服闭环控制系统，其幅频特性好，频率响应快，可对试样做静动三轴试验，可单向或双向激振。

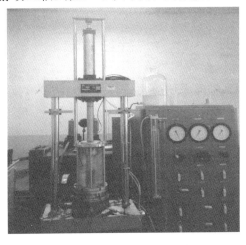

图 7-1　TAJ-20 振动三轴仪

7.1.2　试验材料

试验材料来自新疆某浇筑式沥青混凝土心墙坝，沥青采用克拉玛依石化公司生产的70号（A级）道路石油沥青，试验材料的配合比见表7-1。

表7-1　浇筑式沥青混凝土配合比

项　目	各项材料用量（质量）的比例（%）					
材料种类	9.5～19mm	4.75～9.5mm	2.36～4.75mm	0.075～2.36mm	填料水泥	沥青用量
配合比	23	15	15	35	12	9.0
	23	15	15	35	12	11.0

7.2　试验成型方法及试验条件

试件成型方法：以配合比为基础在实验室浇筑静压成型。

试件尺寸：$\phi 80 \times 160$mm，试件尺寸偏差±2mm，具体试样见图7-2，图7-3为动三轴试验后试件的变形情况。

试验温度：20℃。

图7-2　沥青混凝土试件　　　　图7-3　试验后试件变形

7.3　试验方案

试验采用正弦波加荷，轴向采用应力进行控制，动荷载分为10级进行加载，每级振动20次。加载围压σ_3选用4个级别（200kPa、400kPa、600kPa和800kPa），主应力比K_c（σ_1/σ_3）选择4个等级（1.4、1.7、2.0和2.3），振动频率f选用4个级别（0.5Hz、1Hz、3Hz和5Hz），分别对浇筑式沥青混凝土试件进行动三轴试验，研究浇筑式沥青混凝土动应力-应变、动模量和阻尼比的变化规律，探讨不同围压、主应力比和频率对浇筑式沥青混凝土动应力-应变、动模量和阻尼比的影响，具体试验方案见表7-2～表7-4。

表 7-2　不同围压下浇筑式沥青混凝土动力特性试验方案

试验组号	主应力比	振动频率（Hz）	围压（kPa）	试件沥青用量（%）
WY200-1	2.0	1.0	200	9.0
WY200-2	2.0	1.0	200	11.0
WY400-1	2.0	1.0	400	9.0
WY400-2	2.0	1.0	400	11.0
WY600-1	2.0	1.0	600	9.0
WY600-2	2.0	1.0	600	11.0
WY800-1	2.0	1.0	800	9.0
WY800-2	2.0	1.0	800	11.0

表 7-3　不同主应力下浇筑式沥青混凝土动力特性试验方案

试验组号	主应力比	振动频率（Hz）	围压（kPa）	试件沥青用量（%）
YLB1.4-1	1.4	1.0	800	9.0
YLB1.4-2	1.4	1.0	800	11.0
YLB1.7-1	1.7	1.0	800	9.0
YLB1.7-2	1.7	1.0	800	11.0
YLB2.0-1	2.0	1.0	800	9.0
YLB2.0-2	2.0	1.0	800	11.0
YLB2.3-1	2.3	1.0	800	9.0
YLB2.3-2	2.3	1.0	800	11.0

表 7-4　不同频率下浇筑式沥青混凝土动力特性试验方案

试验组号	主应力比	振动频率（Hz）	围压（kPa）	试件沥青用量（%）
PL0.5-1	2.0	0.5	800	9.0
PL0.5-2	2.0	0.5	800	11.0
PL1.0-1	2.0	1.0	800	9.0
PL1.0-2	2.0	1.0	800	11.0
PL3.0-1	2.0	3.0	800	9.0
PL3.0-2	2.0	3.0	800	11.0
PL5.0-1	2.0	5.0	800	9.0
PL5.0-2	2.0	5.0	800	11.0

7.4　试验结果及分析

7.4.1　动应力-应变骨干曲线试验结果及分析

根据浇筑式沥青混凝土动力特性试验方案，进行动三轴试验。主要分析围压 σ_3、主应力比 K_c 和振动频率 f 对浇筑式沥青混凝土材料的动应力-应变骨干曲线的影响。

1. 围压 σ_3 对动应力-应变骨干曲线影响

对浇筑式沥青混凝土材料进行动三轴试验。在分级振动荷载作用下，根据实测的动应力、应变时程线数据进行分析，绘出沥青用量为 $B=9.0\%$ 和 $B=11.0\%$ 时的动应力-

应变骨干曲线，如图 7-4、图 7-5 所示。

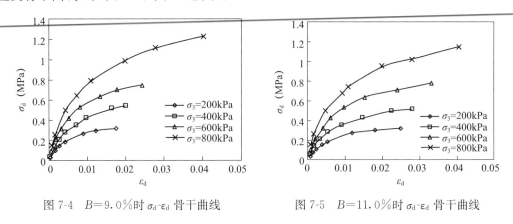

图 7-4　$B＝9.0\%$ 时 $\sigma_d\text{-}\varepsilon_d$ 骨干曲线　　　　图 7-5　$B＝11.0\%$ 时 $\sigma_d\text{-}\varepsilon_d$ 骨干曲线

由图 7-4、图 7-5 可知：浇筑式沥青混凝土材料动应力-应变骨干曲线变化规律基本上可以用双曲线来描述。随着围压的增加，沥青混凝土的动强度明显增大。在同一围压下，动应力随动应变的增加而增加，但增加的速度不同。在开始动应变较小时，骨干曲线的斜率较大；随着动应变的增大，动本构曲线斜率逐渐减小而趋于平缓。在相同动应力下，围压越大，振动过程中产生的动应变越小。在同一应变情况下，动应力随围压的增大而增大。在同一围压下，动应力相等时，增加沥青用量，应变有比较明显的增加。

2. 主应力比 K_c 对动应力-应变骨干曲线的影响

在沥青用量为 $B＝9.0\%$ 和 $B＝11.0\%$ 时，不同主应力比 K_c 对浇筑式沥青混凝土动应力-应变骨干曲线的影响，分别如图 7-6、图 7-7 所示。

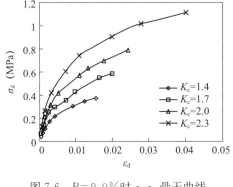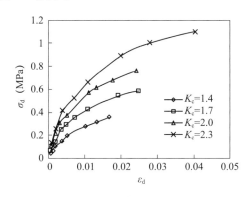

图 7-6　$B＝9.0\%$ 时 $\sigma_d\text{-}\varepsilon_d$ 骨干曲线　　　　图 7-7　$B＝11.0\%$ 时 $\sigma_d\text{-}\varepsilon_d$ 骨干曲线

由图 7-6、图 7-7 可知：不同主应力比对动应力-应变的骨干曲线的影响规律与围压的影响规律基本一致。随主应力比的增大，动强度增加也比较明显。在同一主应力比的情况下，随着动应变的增加，动应力增加的速率由快变慢。在不同主应力比下，动应力-应变骨干曲线变化趋势相同。但随着主应力比 K_c 的增加，动应力-应变骨干曲线具有由缓变陡的变化趋势，逐步偏向应力轴。当产生相同动应变时，所需的动应力随主应力比的增加而增大。即在动应力相同的情况下，主应力比越小，振动过程中产生的动应变越大。因为，当主应力比增大时，沥青混凝土材料变得更加密实，材料的刚度得到提高。在不同沥青用量下，主应力比对 σ_d-ε_d 骨干曲线的影响规律相同。当主应力比相同时且动应变相等时，增加沥青用量，动应力有明显减小。

3. 频率 f 对动应力-应变骨干曲线的影响

针对两种不同的沥青用量（$B=9.0\%$、$B=11.0\%$）条件下，不同振动频率 f 对浇筑式沥青混凝土的动应力-应变骨干曲线的影响，如图 7-8、图 7-9 所示。

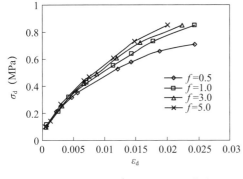

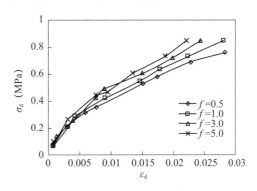

图 7-8　$B=9.0\%$ 时 σ_d-ε_d 骨干曲线　　　　图 7-9　$B=11.0\%$ 时 σ_d-ε_d 骨干曲线

由图 7-8、图 7-9 可以得到：从整体上看，振动频率 f 对浇筑式沥青混凝土骨干曲线的影响较小，不同频率下骨干曲线均集中于狭窄的分布带内，高振动频率的动强度略大于低频下的动强度。随着动应变的增加，不同频率下的动应力-应变曲线的发展趋势有所区别，各条曲线之间具有一定幅度的偏离。在同一振动频率下，动应力随动应变的增大而增大，增加的速率先大后小。沥青用量越高，则应变越大，强度也越低。

7.4.2　动弹性模量试验结果及分析

动弹性模量 $E_d=\sigma_d/\varepsilon_d$，$\sigma_d$、$\varepsilon_d$ 分别表示相同振次下的动应力和动应变值。根据动三轴试验结果，在沥青用量 $B=9.0\%$ 和 $B=11.0\%$ 情况下，研究不同围压 σ_3、主应力比 K_c 和振动频率 f 对浇筑式沥青混凝土材料的动弹模-应变关系的影响规律。

1. 围压 σ_3 对 E_d-ε_d 关系曲线的影响

在沥青用量 $B=9.0\%$ 和 $B=11.0\%$ 时，不同围压对浇筑式沥青混凝土 E_d-ε_d 关系的影响规律，分别如图 7-10 和图 7-11 所示。

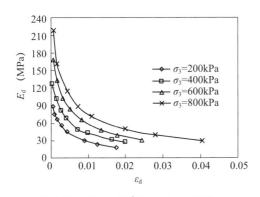

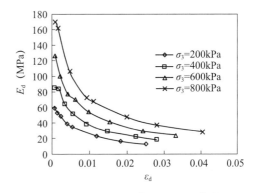

图 7-10　$B=9.0\%$ 时的 E_d-ε_d 曲线　　　　图 7-11　$B=11.0\%$ 时的 E_d-ε_d 曲线

由图 7-10、图 7-11 可得：总体来看，浇筑式沥青混凝土的动弹性模量随围压的增大而明显增大。在不同围压情况下，各 E_d-ε_d 关系曲线发展趋势基本相同，整体均呈下降趋势，随着动应变的增加，动模量逐渐降低；在相同应变下，高围压下的动弹性模量大于低围压下的动弹性模量，表明在高围压下材料的刚度较大。动弹性模量刚开始下降较快，随着应变的增加而逐渐变慢，E_d-ε_d 曲线逐渐趋于平缓。即随着动应变的增大围压对动弹模的影响逐渐较小，最后各围压下的动模量趋于相近值。主要原因是在试验开始阶段，浇筑式沥青混凝土试样受到的初始应力状态不同，造成低围压时试样的初始弹性模量明显要小于高围压时的弹性模量。随着动应变增加，围压对沥青混凝土材料特性的影响程度逐渐减小。当动应变发展到很大时，沥青混凝土材料基本进入塑性状态，围压对沥青混凝土材料的弹性模量几乎无影响。在沥青用量 $B=9.0\%$ 和 $B=11.0\%$ 时，围压对 E_d-ε_d 曲线的影响规律相同。相同围压下，随着沥青用量的增加，动弹性模量明显降低，降低幅度达 23％。

2. 主应力比 K_c 对 E_d-ε_d 关系曲线的影响

在沥青用量 $B=9.0\%$ 和 $B=11.0\%$ 时，主应力比 K_c 变化对浇筑式沥青混凝土的 E_d-ε_d 关系曲线影响规律，具体分别如图 7-12 和图 7-13 所示。

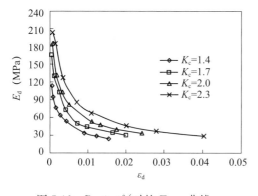
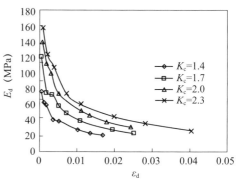

图 7-12　$B=9.0\%$ 时的 E_d-ε_d 曲线　　　　图 7-13　$B=11.0\%$ 时的 E_d-ε_d 曲线

由图 7-12、图 7-13 可得：随着主应力比的增加，沥青混凝土材料的动弹性模量增加比较明显，与围压的影响相同。在不同主应力比条件下，各 E_d-ε_d 关系曲线发展趋势基本一致，整体均呈下降趋势。动弹性模量开始下降较快，随着应变的增加而逐渐变慢。在应变相同时，主应力比越大，浇筑式沥青混凝土的动弹性模量越高。随着动应变的增加，主应力比对动弹性模量值的影响逐渐减小，直到动弹性模量在不同应力比下的值相差不大或接近相同。在沥青用量 $B=9.0\%$ 和 $B=11.0\%$ 时，主应力比对 E_d-ε_d 曲线的影响规律基本相同。主应力比不变时，随着沥青用量的增加，动弹性模量明显降低，降低幅度达到 21％。

3. 频率 f 对 E_d-ε_d 关系曲线的影响

在沥青用量 $B=9.0\%$ 和 $B=11.0\%$ 的条件下，频率 f 对浇筑式沥青混凝土 E_d-ε_d 关系曲线的影响规律，如图 7-14、图 7-15 所示。

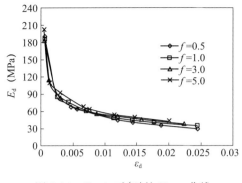

图 7-14 $B=9.0\%$ 时的 E_d-ε_d 曲线

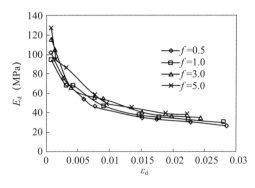

图 7-15 $B=11.0\%$ 时的 E_d-ε_d 曲线

由图 7-14、图 7-15 可得：从整体上看，振动频率对动弹性模量的影响不明显。不同频率下，试验点大致落在一条较窄的分布带范围之内，试验值在较小范围内波动。不同频率下，各 E_d-ε_d 关系曲线发展趋势基本上相同，整体均呈下降趋势。动弹性模量开始下降较快，随着应变的增加而逐渐变慢。但沥青用量对动弹性模量影响较大，在沥青用量 $B=9.0\%$ 和 $B=11.0\%$ 情况下，随着沥青用量的增加，动弹性模量降低比较明显，降低幅度达到 19%。

7.4.3 阻尼比试验结果及分析

根据动力特性试验方案，动应力分 10 级进行施加，每级振动 20 次。对数据处理分析时，选择每级振动第 10 次的滞回圈进行阻尼比计算。

1. 围压 σ_3 对 λ-ε_d 关系曲线的影响

在沥青用量分别为 $B=9.0\%$ 和 $B=11.0\%$ 时，不同围压对浇筑式沥青混凝土的阻尼比曲线（λ-ε_d 曲线）的影响规律，如图 7-16、图 7-17 所示。

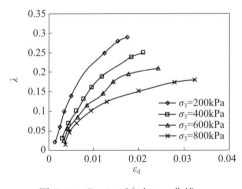

图 7-16 $B=9.0\%$ 时 λ-ε_d 曲线

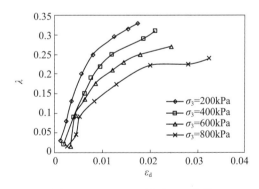

图 7-17 $B=11.0\%$ 时 λ-ε_d 曲线

由图 7-16、图 7-17 可看出：总体上，围压变化时，阻尼比随围压的增大而减小，且减小比较明显。在应变较小的开始阶段，围压对阻尼比的影响不大，表现不明显。但随着应变的增大，围压对阻尼比的影响逐渐显著，高围压时明显低于低围压的阻尼比。不同围压下，λ 随着动应变 ε_d 的增加而增大，整体为上升趋势。原因是，动应变增大，沥青混凝土材料所消耗能量就越大；所以，阻尼比会增大。阻尼比随动应变的上升速度是不同的。在开始阶段应变较小，阻尼比随动应变的上升速度较快，随着动应变的继续增加，阻尼比的增长趋于平缓。由图 7-16、图 7-17 对比可知，同一围压下，沥青用量较大时，则阻尼比增大较明显。

2. 主应力比 K_c 对 $\lambda\text{-}\varepsilon_d$ 关系曲线的影响

在沥青用量分别为 $B=9.0\%$ 和 $B=11.0\%$ 时，不同主应力比对浇筑式沥青混凝土的阻尼比关系曲线（$\lambda\text{-}\varepsilon_d$ 曲线）的影响规律，如图 7-18、图 7-19 所示。

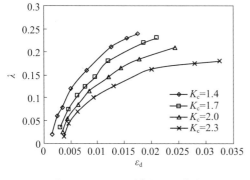
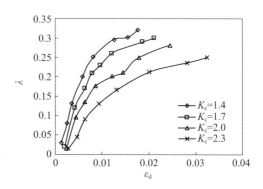

图 7-18　$B=9.0\%$时 $\lambda\text{-}\varepsilon_d$ 曲线　　　　图 7-19　$B=11.0\%$时 $\lambda\text{-}\varepsilon_d$ 曲线

由图 7-18、图 7-19 可以看出：主应力比对阻尼比的影响规律表现为阻尼比随主应力比的增大而明显减小。阻尼比随主应力比的变化规律与围压的影响规律相似。在开始阶段应变较小的情况下，阻尼比相差较小。随着应变的增加，主应力比对阻尼比的影响加大。阻尼比 λ 随着动应变 ε_d 的增加而增大。在相同应变的条件下，主应力比越大则阻尼比 λ 值越小。这是因为，在主应力比较大时，沥青混凝土的硬度较高。所以，材料的阻尼比随主应力比的增大而减小。在沥青用量分别为 $B=9.0\%$ 和 $B=11.0\%$ 时，沥青用量的增加，阻尼比有明显增大趋势。

3. 频率 f 对 $\lambda\text{-}\varepsilon_d$ 关系曲线的影响

在沥青用量分别为 $B=9.0\%$ 和 $B=11.0\%$ 时，不同频率对浇筑式沥青混凝土的阻尼比关系曲线（$\lambda\text{-}\varepsilon_d$ 曲线）的影响规律，如图 7-20 和图 7-21 所示。

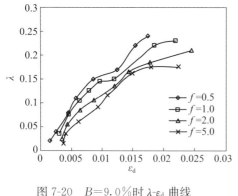
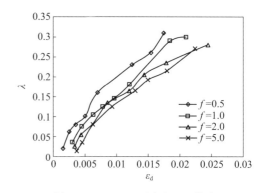

图 7-20　$B=9.0\%$时 $\lambda\text{-}\varepsilon_d$ 曲线　　　　图 7-21　$B=11.0\%$时 $\lambda\text{-}\varepsilon_d$ 曲线

由图 7-20 和图 7-21 可知：整体上，频率对阻尼比的影响较小，随着频率的增大阻尼比略有减小趋势。相同频率下，沥青混凝土材料的阻尼比随动应变的增加而增大。在相同动应变条件下,阻尼比随频率增大呈现减小的趋势。不同频率对浇筑式沥青混凝土的阻尼比的影响有一定的差别,但差别较小。

7.5 浇筑式沥青混凝土动态本构模型研究

7.5.1 浇筑式沥青混凝土试验成果分析

根据图 7-4～图 7-9 的分析可知,沥青用量为 $B=9.0\%$ 和 $B=11.0\%$ 时,围压和主应力比对动应力-应变影响比较明显。在不同围压和主应力比下,σ_d-ϵ_d 骨干曲线变化规律基本相同,整体均呈上升趋势。试验初始阶段,随动应变增大,浇筑式沥青混凝土动应力增加较快;动应变继续增大,则 σ_d-ϵ_d 骨干曲线逐渐变缓,变化趋势基本与双曲线相符。频率对 σ_d-ϵ_d 骨干曲线的影响较小。根据图 7-10～图 7-15 的分析得到结论,在不同围压、主应力比和频率下,各 E_d-ϵ_d 关系曲线发展趋势基本上相同,整体均呈下降趋势。动弹性模量开始下降较快,随着应变的增加而逐渐变慢。围压和主应力比对动弹性模量影响比较明显,振动频率则相反,影响较小。

根据心墙浇筑式沥青混凝土应用的现状,沥青用量基本在 9.0% 左右。因此,主要讨论浇筑式沥青混凝土用量为 9.0% 的情况下,基于围压、主应力比及振动频率因素下的材料动本构模型。

7.5.2 基于 Hardin-Drnevich 模型的动弹性模量研究

Hardin-Drnevich 模型假定主干线为一条双曲线[6],如图 7-22(a)所示。即

$$\tau_d = \frac{\gamma_d}{a + b\gamma_d} \tag{7-1}$$

即

$$\frac{\gamma_d}{\tau_d} = b\gamma_d + a \tag{7-2}$$

式中 τ_d——动剪应力,Pa;

       γ_d——动剪应变,无量纲;

       a、b——试验参数。

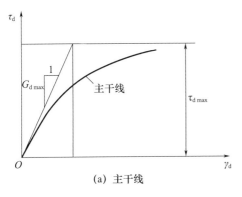
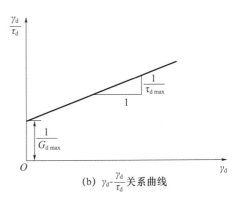

(a) 主干线   (b) γ_d-$\frac{\gamma_d}{\tau_d}$ 关系曲线

图 7-22   Hardin-Drnevich 模型

在图 7-22（a）中，当动剪应变 $\gamma \to \infty$ 时，双曲线以静力极限剪应力 τ_{dmax} 为渐近线。当 $\gamma = 0$ 时，双曲线的切线斜率为最大剪切模量 G_{dmax}。进行坐标转换，绘成 γ_d-$\frac{\gamma_d}{\tau_d}$ 的关系线，如图 7-22（b）所示。此线为一直线，在纵轴上的截距 $a = \frac{1}{G_{dmax}}$，斜率 $b = \frac{1}{\tau_{dmax}}$，故

$$\frac{\gamma_d}{\tau_d} = \frac{\gamma_d}{\tau_{dmax}} + \frac{1}{G_{dmax}} \tag{7-3}$$

等效线性剪切模量 G_{eq} 为

$$G_{eq} = \frac{\tau_d}{\gamma_d} = \frac{G_{dmax}}{1 + \dfrac{\gamma_d}{\gamma_r}} \tag{7-4}$$

式中　γ_r——参考剪应变，$\gamma_r = \dfrac{\tau_{dmax}}{G_{dmax}}$，无量纲；

　　　G_{dmax}——最大动剪切模量，P_a。

根据浇筑式沥青混凝土动力特性试验及分析结果，围压、主应力比及振动频率影响下，动应力-应变骨干线变化规律基本一致，与双曲线规律相符。因此，基于 Hardin-Drnevich 双曲线模型，研究浇筑式沥青混凝土动本构关系。即

$$\sigma_d = \frac{\varepsilon_d}{e + f\varepsilon_d} \tag{7-5}$$

$$\frac{1}{E_d} = \frac{\varepsilon_d}{\sigma_d} = e + f\varepsilon_d \tag{7-6}$$

$$\frac{1}{E_d} = \frac{1}{E_{dmax}} + \frac{\varepsilon_d}{\sigma_{dmax}} \tag{7-7}$$

由公式（7-7），得到动弹性模量与动应变的关系式

$$E_d = E_{dmax} \frac{1}{1 + \dfrac{\varepsilon_d}{\varepsilon_r}} \tag{7-8}$$

式中　ε_r——参考线应变，$\varepsilon_r = \dfrac{\sigma_{dmax}}{E_{dmax}}$，无量纲；

　　　E_{dmax}——最大动弹性模量，P_a。

由公式（7-8）可以得出，只需探讨最大动弹性模量 E_{dmax}，就可以确定动弹性模量-动应变表达式。在围压和主应力比影响下，按照（7-6）式整理试验成果得到 $B = 9.0\%$ 时的 $1/E_d$-ε_d 关系曲线，如图 7-23～图 7-25 所示。

根据图 7-23～图 7-25 可知：浇筑式沥青混凝土材料试验点基本呈线性分布，在不同围压和主应力比下的 $1/E_d$-ε_d 关系曲线按直线拟合较好；不同振动频率下的 $1/E_d$-ε_d 关系曲线有一定的分散。但围压和主应力比对试验结果影响较大，而频率则影响很小。因此，主要考虑围压和主应力比因素影响。根据拟合的 $1/E_d$-ε_d 直线，可得到在纵坐标的截距为参数 e，直线的斜率为参数 f。根据参数 e 可求得最大动弹性模量 E_{dmax}，根据参数 f 可求得极限应力 σ_{dmax}。具体不同围压、主应力比和频率下的参数 e、f 值和最大动弹性模量 E_{dmax}，见表 7-5、表 7-6。

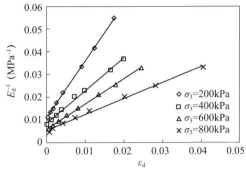

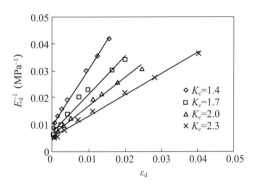

图 7-23 不同围压下 $1/E_d$-ε_d 关系曲线 　　　图 7-24 不同主应力下 $1/E_d$-ε_d 关系曲线

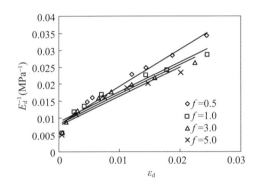

图 7-25 不同频率下 $1/E_d$-ε_d 关系曲线

表 7-5 不同围压下试验参数和最大动弹性模量

试验组号	主应力比	围压（kPa）	振动频率（Hz）	参数		E_{dmax}（MPa）
				e	f	
WY200-1	2.0	200	1.0	0.0078	2.4915	128.21
WY400-1	2.0	400	1.0	0.0058	1.4443	172.41
WY600-1	2.0	600	1.0	0.005	1.0969	200.00
WY800-1	2.0	800	1.0	0.0045	0.8366	222.22

表 7-6 不同主应力比下试验参数和最大动弹性模量

试验组号	主应力比	围压（kPa）	振动频率（Hz）	参数		E_{dmax}（MPa）
				e	f	
YLB1.4-1	1.4	600	1.0	0.0076	2.3241	131.58
YLB1.7-1	1.7	600	1.0	0.0065	1.4239	153.85
YLB2.0-1	2.0	600	1.0	0.0057	1.0969	175.44
YLB2.3-1	2.3	600	1.0	0.0047	0.8405	212.77

Hardin 和 Drnevich 基于现场试验和室内试验测量结果，得出最大剪切模量与平均有效主应力存在一定关系，并给出了下面的计算公式：

$$G_{dmax} = KP_a \left(\frac{\sigma_m}{P_a}\right)^n \tag{7-9}$$

式中　σ_m——平均有效应力，Pa；

　　　K——试验参数，最大动模量系数，无量纲；

　　　n——试验参数，最大动模量指数，无量纲；

　　　P_a——单位大气压，Pa。

动弹性模量 E_d 与动切变模量 G_d 之间的关系为

$$G_d = \frac{E_d}{2(1+\mu)} \tag{7-10}$$

根据公式（7-9）和式（7-10），最大动弹性模量可由平均应力 σ_m 的指数函数表示，表达式为

$$E_{dmax} = K_1 P_a \left(\frac{\sigma_m}{P_a}\right)^n \tag{7-11}$$

将浇筑式沥青混凝土的最大动弹性模量 E_{dmax} 和平均应力 σ_m 绘于双对数坐标系下，并对 $\lg(E_{dmax}/P_a) - \lg(\sigma_m/P_a)$ 进行线性关系拟合，拟合线见图 7-26，其中 n 为直线的斜率，$\lg K_1$ 为直线纵坐标的截距。

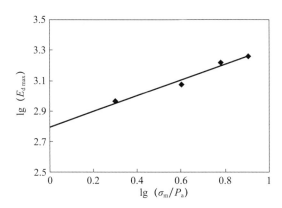

图 7-26　$B=9.0\%$ 时 $\lg(E_{d\,max}/P_a)$ -$\lg(\sigma_m/P_a)$ 关系曲线

由图 7-26 可得：浇筑式沥青混凝土动模量系数 $K_1 = 710$，动模量指数 $n = 0.4214$。

将 K_1 和 n 代入式（7-11），可计算出不同围压下的最大动弹模 E_{dmax}（表 7-7），与表 7-5、表 7-6 中的最大动弹性模量试验拟合值进行对比可知，两者结果差别较大。因此，基于该材料的试验分析结果，并结合围压和主应力比对最大动弹性模量影响的特点，对最大动弹性模量 E_{dmax} 公式进行修正，修正后为

$$E_{d\,max} = K_1 P_a \left(\frac{\sigma_m}{P_a}\right)^n (K_c)^m \tag{7-12}$$

式中　$m = 0.25$。

根据修正的式（7-12）及式（7-11）分别计算出浇筑式沥青混凝土材料的最大动弹性模量，与试验拟合结果进行对比，具体数据及对比结果见表 7-7。

表 7-7　浇筑式沥青混凝土最大动弹性模量及误差对比

试验组号	主应力比	围压 (kPa)	振动频率 (Hz)	E_{dmax}试验值 (MPa)	E_{dmax} (MPa)		改进公式的 E_{dmax} (MPa)	
					计算值	相对误差（%）	计算值	相对误差（%）
WY200-1	200	2.0	1.0	128.2	107.3	16.30	127.6	0.47
WY400-1	400	2.0	1.0	172.4	143.7	16.65	170.9	0.87
WY600-1	600	2.0	1.0	200.0	170.5	14.75	202.8	1.40
WY800-1	800	2.0	1.0	222.2	192.5	13.37	228.9	3.02
YLB1.4-1	600	1.4	1.0	181.8	170.5	6.22	185.5	2.04
YLB1.7-1	600	1.7	1.0	192.3	170.5	11.34	194.7	1.25
YLB2.0-1	600	2.0	1.0	200.0	170.5	14.75	202.8	1.40
YLB2.3-1	600	2.3	1.0	208.3	170.5	18.15	210.0	0.82

根据表 7-7 可知，采用改进后的最大动弹性模量计算公式（7-12），其最大动弹性模量计算值与试验值比较吻合。

由公式（7-8）和修正后的最大动弹性模量公式（7-12），得到修正后的浇筑式沥青混凝土动弹性模量表达式，为

$$E_{d} = K_1 P_a \left(\frac{\sigma_m}{P_a} \right)^n (K_c)^m \frac{1}{1 + \dfrac{\varepsilon_d}{\varepsilon_r}} \tag{7-13}$$

7.5.3　基于 Hardin-Drnevich 模型的阻尼比研究

根据 Hardin 和 Drnevich 研究结果，Hardin-Drnevich 模型的等效阻尼比的 D_{eq} 的表达式为

$$\lambda_{eq} = \lambda_{max} \frac{\gamma_d / \gamma_r}{1 + \gamma_d / \gamma_r} \tag{7-14}$$

式中　λ_{max}——试验参数，最大阻尼比，无量纲。

由式（7-4）和式（7-14）可得

$$\frac{\lambda_{eq}}{\lambda_{max}} = 1 - \frac{G_d}{G_{dmax}} = 1 - \frac{E_d}{E_{dmax}} \tag{7-15}$$

$$\lambda_{eq} = \lambda_{max} \left(1 - \frac{E_d}{E_{dmax}} \right) = \lambda_{max} \frac{\varepsilon_d / \varepsilon_r}{1 + \varepsilon_d / \varepsilon_r} \tag{7-16}$$

由公式（7-16）可知，最大阻尼比 D_{max} 是最重要的研究参数。因此，下面针对浇筑式沥青混凝土研究其最大阻尼比的取值。

在振动开始阶段，浇筑式沥青混凝土动应力及动应变较小，所以滞回圈面积也较小，即阻尼比也较小，此时求出的阻尼比误差较大。当浇筑式沥青混凝土材料动应力、动应变水平较大时，滞回圈较大，可准确地确定阻尼比，因此，应在试验点变化较小而阻尼比曲线趋于平缓时，取其渐进的常数作为最大阻尼比。根据浇筑式沥青混凝土材料动本构试验结果，对实测资料进行计算分析，求得不同围压、主应力比和频率下的最大阻尼比，如图 7-27 所示。

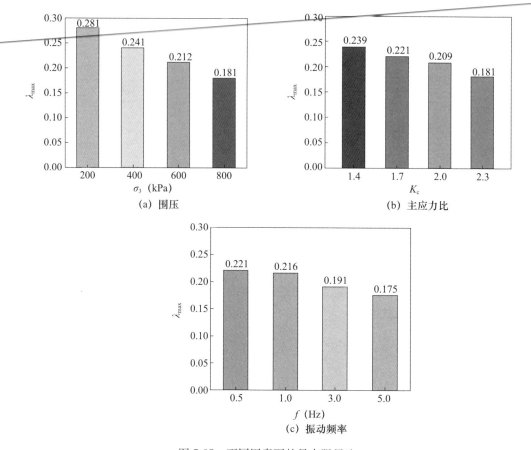

图 7-27 不同因素下的最大阻尼比

7.6 基于 ADINA 的土石坝动力计算程序编制

沥青混凝土等非线性材料的动力反应分析方法主要有两种，即总应力分析法和有效应力分析法[7]。浇筑式沥青混凝土心墙坝，对于堆石体来说，地震过程中孔隙水压力很容易消散和扩散。对于浇筑式沥青混凝土心墙料，基本是不透水的。在很多工程中，将浇筑式沥青混凝土直接作为防水层应用，或作为防水结构体系的一部分。故在浇筑式沥青混凝土心墙坝的动力分析中可采用总应力法。

总应力法没有考虑土体中的空隙水压力，其动力控制方程[8]为

$$[M]\{\ddot{\delta}(t)\} + [C]\{\dot{\delta}(t)\} + [K]\{\delta(t)\} = \{F(t)\} \tag{7-17}$$

式中 $\ddot{\delta}(t)$、$\dot{\delta}(t)$、$\delta(t)$——结点的相对加速度、速度和位移；

$\{F(t)\}$——结点的动荷载，由地震加速度确定；

$[M]$——质量矩阵；

$[K]$——劲度矩阵；

$[C]$——阻尼矩阵。

若采用瑞利阻尼，则

$$[C] = \lambda\omega[M] + \frac{\lambda}{\omega}[K] \tag{7-18}$$

式中　ω——基频，Hz；

λ——阻尼比，无量纲。

因此，下面将以通用有限元软件 ADINA 为基础，采用 FORTRAN 语言，基于总应力分析方法和改进的 Hardin-Drnevich 模型，编制土石坝地震动力计算程序。

7.6.1　ADINA 有限元软件的不足及解决方法

1. ADINA 有限元软件的特点

ADINA 有限元程序是国际上著名的大型非线性有限元软件之一，对结构非线性、流固耦合等复杂问题的求解具有强大优势[9-11]。

（1）ADINA 程序内部提供了多种迭代方法及多种收敛准则，可根据不同问题的非线性特征选择相应的迭代方法及收敛准则。

（2）ADINA 程序采用先进的自动时间步长技术求解非线性问题，可由程序根据问题的稳定性自动判断时间步或荷载步大小，另外程序包括多种非线性计算方法。

（3）ADINA 程序有丰富的二次开发功能，可以方便地在程序内部或通过外部循环控制的方式定义各种用户功能，进而使程序有了更广泛的应用。

2. ADINA 有限元软件的不足及解决方法

（1）ADINA 软件程序无自带的动力本构模型，如 Hardin-Drnevich 模型，不能直接实现动力计算。解决方法：本研究采用动力计算的等效线性法，通过编制外部控制程序，多次调用 ADINA 程序进行迭代计算，从而达到动力非线性求解的目的。

（2）ADINA 软件的调用。采用 FORTRAN 语言或者 C 语言直接调用 ADINA 软件进行计算不易实现。解决方法：ADINA 软件计算可以进行批处理，而 FORTRAN 语言或者 C 语言可以调用批处理文件。因此，本研究采用 FORTRAN 语言，调用 ADINA 程序的批处理文件，然后以批处理的形式启动 ADINA 软件，从而达到调用 ADINA 程序计算的目的。

（3）有限元计算的前处理。采用 ADINA 软件进行建模前处理是非常麻烦的，例如采用由低到高的形式进行建模，即由点线面体格式依次进行建模。要输入每个点的坐标，所以比较烦琐。解决方法：采用 CAD 绘图软件进行建模，主要是建有限元计算模型的几何点和线（在 ADINA 软件中，只能导入点和线，面和体无法导入），将建成的几何模型存成 CAD 软件中 R12 的格式，导入 ADINA 软件。然后在 ADINA 软件中继续建体和划分网格等。但是，根据 CAD 导入的点和线，发现后续在 ADINA 软件中交互式建模和修改还是比较烦琐。因此，采用了添加和修改命令流方法，将网格划分信息、荷载信息和需要修改的信息添加到命令流的 in 文件中，让 ADINA 程序读取命令流文件，进行有限元计算的前处理。

（4）计算结果的后处理。ADINA 程序的计算结果中，在输出等值线时，ADINA 软件无法标注结果，而且输出的等值线也不美观。解决方法：采用了专业的后处理软件 TECPLOT，将 ADINA 软件的结果，经过整理导入 TECPLOT 中，在 TECPLOT 软件中输出需要的等值线。

（5）ADINA 软件的输入输出。在动力计算中，经常要频繁读取 ADINA 程序计算的结果文件。在结果文件中有的信息是需要的，有的不需要读取。因此，要控制对计算结果文件的读取。解决方法：本研究采用 FORTRAN 语言，编写程序来控制对计算结果文件的读取，并将读取的数据结果用标准的格式输出，供后续动力计算使用。

7.6.2 基于 ADINA 软件的动力有限元程序编制

本程序主要包括 4 个部分：1 个主控程序和 3 个子程序模块。

3 个子程序模块分别为：静力计算模块、频率计算模块和动力计算模块。下面就各个部分的功能进行逐一说明。

1. 静力计算模块

静力计算模块即静力计算的批处理模块。静力计算模块的主要作用是批处理启动 ADINA 程序的 AUI，读入命令流，然后运行 ADINA 程序求解器进行静力计算分析和后处理；输出应力、应变计算结果。静力计算模块批处理命令流如下：

（1）批处理命令流及功能

@echo off（on）

aui-m 30m static. in

pause

adina-b-s-m 30m-M 400m-t 2 static. dat

echo 静力后处理

aui-b-m 20m static. plo

（2）各命令流的功能

①@

功能：关闭最后一条命令的显示。

②echo off

功能：关闭以下所有命令的显示。

③@echo off

功能：关闭包括本条及以下所有命令的显示。

④@echo on

功能：显示包括本条及以下所有命令的显示。

aui-m 30m static. in

功能：运行 ADINA 程序 AUI，并读入 static. in 文件，为 ADINA 程序 AUI 分配 30M 内存。

⑤pause

功能：程序暂停

⑥adina-b-s-m 20m-M 400m-t 2 static. dat

功能：运行 static. dat 文件，为 ADINA 求解器分配 20M 内存，为 sparse solver 分配 400M 内存，求解使用两个 CPU。

⑦echo 静力后处理

功能：echo off 情况下，重新显示"静力后处理"。

⑧aui-b-m 20m static. plo

功能：运行 ADINA 程序 AUI，读入 static. plo 文件，为 AUI 分配 20M 内存。

（3）静力计算的前后处理

静力计算的前处理文件为 static. in，该文件包含：前处理命令流和计算模型的基本信息。后处理文件为 static. plo，该文件包括：后处理命令流及后处理输出格式。

2. 频率计算模块

频率计算模块的作用为调用 ADINA 打开自振模型。根据结点、单元、单元组、边界条件等信息及更新的单元弹性模量信息，进行频率计算，输出需要的基频。

该模块的批处理命令流与静力计算模块的批处理命令流类似，在此不再赘述。

3. 动力计算模块

动力计算模块的作用为打开时程模型，读入材料、瑞利阻尼系数及地震波信息。进行动力时程分析，输出需要的剪应变等信息。

动力计算模块的批处理命令流与静力计算模块的批处理命令流类似，只是读取的前后处理文件不同，在此读取的前后处理文件分别为 dynamic. in 和 dynamic. plo。

下面介绍后处理命令流文件 dynamic. plo：

```
* 新建 DATABASE
DATABASE NEW SAVE = NO PROMPT = yes
FEPROGRAM ADINA
CONTROL FILEVERSION = V87
 *
* 选择后处理模式，导入 dynamic. por 后处理文件。
 *
LOADPORTHOLEOPERATIO = CREATE FILE = 'dynamic. por',
    TAPERECO = 0 DUMPFORM = NO PRESCAN = NO RANGE = ALL,
    TIMESTAR = 0. 00000000000000 TIMEEND = 0. 00000000000000 STEPSTAR = 0,
    STEPEND = 0 STEPINCR = 1 ZOOM-MOD = 0
* 设置读取单元中心点结果
resultgrid default elgrid 1 1 1
* 设置光顺处理
smoothing , , averaged
* 定义一个包络响应
response envelop , , absmax
 *
* 设置输出文件，并指定位置（如果输出文件放到其他文件夹而非当前目录，应给
出路径）。
 *
filelist file file = 'strain. txt'
```

＊如果进行二维分析，则输出剪应变 γ_{yz}

```
zonelist whole_model , , , , response, , , strain-yz
```

4. 主控程序

主控程序主要采用 FORTRAN 语言[12,13]，主要作用是调用 3 个子程序并计算和更新材料及阻尼比信息，进行程序的迭代计算等。主要包括：

（1）ADINA 软件的输入输出

当静力计算完成后，后处理输出应力场。编写程序读取应力场计算结果文件，按计算要求的格式输出应力场。在地震波分段叠加计算中，在每一段进行迭代计算，当 ADINA 程序计算完成后，后处理输出剪应变，编写程序读取剪应变结果文件，并与前次剪应变计算结果进行对比。

（2）计算和更新弹性模量

编写程序读入应力场数据，代入改进的 Hardin-Drnevich 模型表达式，求出每个单元的动剪切弹性模量；修改材料文件中每个单元的动弹性模量，每次迭代都要更新动弹性模量。

（3）计算和更新阻尼系数

根据频率子程序模块计算后输出的基频文件，利用自编程序读入基频，代入阻尼比公式 $\lambda_{eq} = \lambda_{max} \dfrac{\gamma_d/\gamma_r}{1+\gamma_d/\gamma_r}$，计算各单元阻尼比。根据各单元阻尼比求出瑞利阻尼系数，每次迭代均需要更新瑞利阻尼系数。

7.6.3 程序计算分析步骤

（1）采用邓肯-张模型进行静力非线性计算，求出坝体地震前每一单元的静应力，计算平均有效应力，因为程序计算采用总应力法，即 $\sigma'_m = \sigma_m = \dfrac{1}{3}$（$\sigma_1 + \sigma_2 + \sigma_3$）。

（2）由改进的 Hardin-Drnevich 模型公式，求出坝体单元的初始动弹性模量 E_{eq} 及初始阻尼比 λ_{eq}。

（3）根据地震波振幅大小，将整个地震历程划分为若干时段，并假定每一时段中坝体各单元的等效动弹性模量 E_{eq} 和等效阻尼比 λ_{eq} 保持不变。

（4）在地震波的每一时段内，取时间步长 $\Delta t = 0.02s$，用逐步数值积分法求解动力控制方程。得到该时段内各单元的剪应变 γ 的时程，取该时段最大剪应变 γ_{max} 的 0.65 倍作为该单元在该时段的平均剪应变 γ_{eq}，即：$\gamma_{eq} = 0.65\gamma_{max}$。

（5）根据求得的 γ_{eq}，用改进的 Hardin-Drnevich 模型公式，计算坝体各单元在该时段的等效动弹性模量 E_{eq} 和等效阻尼比 λ_{eq}。在该时段内迭代求解，直到各单元的等效动弹性模量 E_{eq} 和等效阻尼比 λ_{eq} 达到精度要求。

（6）将大坝各单元该时段末迭代求解所得的等效动弹性模量 E_{eq} 和等效阻尼比 λ_{eq}，作为下一时段的起始模量和阻尼比。求出大坝的基频，进行下一时段的迭代。

（7）重复步骤（4）～（6），求出所需的地震反应结果，直到地震结束。

（8）输出地震反应计算结果。

本程序采用 FORTRAN 语言，综合运用 ADINA 程序二次开发功能，联合调用外部控制程序、批处理子程序及 ADINA 软件相关计算模块，自动实现对各模块的调用计算以及数据间的传递，自动完成土石坝动力反应计算。

计算程序流程，如图 7-28 所示。

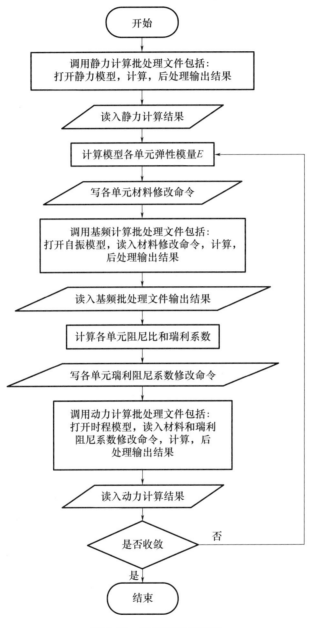

图 7-28　计算程序流程图

7.7 土石坝地震永久变形计算程序

7.7.1 永久变形计算方法

计算永久变形采用等效结点力法。土石坝地震永久变形计算是在动力计算的基础上进行的，通过地震动力分析，计算坝体各单元在地震过程中的残余应变，残余应变计算采用沈珠江增量模型[14]，即

$$\Delta\varepsilon_{vr} = c_1 (\gamma_d)^{c_2} \exp (-c_3 S_l^2) \frac{\Delta N}{1+N} \tag{7-19}$$

$$\Delta\gamma_r = c_4 (\gamma_d)^{c_5} S_l^2 \frac{\Delta N}{1+N} \tag{7-20}$$

式中　$\Delta\varepsilon_{vr}$——残余体积应变，无量纲；

　　　$\Delta\gamma_r$——残余剪切应变，无量纲；

　　　S_l——剪应力水平，无量纲；

　　　γ_d——动剪应变，无量纲；

　N，ΔN——振动次数及其增量。

坝体中各单元地震过程残余应变增量计算完成后，把残余应变增量换算为直角坐标系下的残余应变。将残余应变转换为单元的静力作用下的节点力代替单元的残余应变对坝体永久变形的贡献。

计算等效静节点力的公式为

$$F = \iiint_V B^T D\varepsilon_P dV \tag{7-21}$$

最后，将求得等效静节点力累加并施加于坝体，即可计算出永久变形。

7.7.2 永久变形程序计算步骤

地震永久变形计算步骤如下：

（1）采用邓肯-张模型进行静力非线性计算，求出坝体地震前每一单元的静应力，计算平均应力，由单元平均应力代入式（7-13）计算坝体各单元的初始动剪切模量。

（2）坝体动力计算，分时段采用等效线性法进行动力计算。

（3）根据沈珠江残余应变增量公式（7-19）和式（7-20）计算坝体各时段各单元的残余应变增量。然后，依次计算各个地震时段的残余应变增量，直到地震结束为止，最后累加获得总残余应变。

（4）根据公式式（7-21）将累积残余应变转化为坝体各单元的等效静节点力，将单元的等效静节点力作用于坝体，进行静力计算，求得静力计算结果即为地震永久变形。

7.8 程序验证

7.8.1 程序验证：算例 1

印度柯依那（Koyna）重力坝是世界上著名的遭受地震破坏的大坝之一。地震发生

后，多名学者对其进行了地震动力分析。采用自编程序对该坝进行抗震分析，有利于检验程序的计算结果，对程序应用于土石坝抗震分析提供一定的借鉴。

1. 工程概况及计算模型

印度柯依那（Koyna）重力坝，建成于 1963 年。材料为蛮石混凝土重力坝，坝长853m，最大坝高 103m，坝顶宽度 14.8m，装机容量 192 万 kW。1976 年 12 月 11 日印度柯依那发生了 6.4 级地震，震中距坝址约 15km，地震时实测地面最大加速度：坝轴向 $0.63g$，顺河向 $0.49g$，竖向 $0.34g$（g 为重力加速度）。选择该坝进行动力反应分析，模型尺寸及有限元网格如图 7-29 和图 7-30 所示[15]。

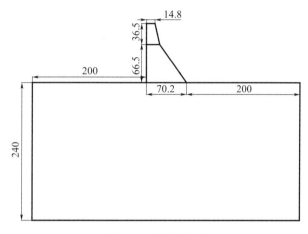

图 7-29 计算模型

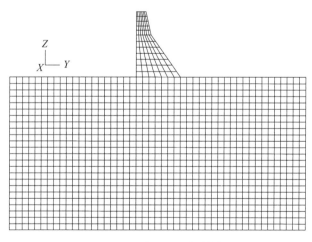

图 7-30 有限元网格剖分

考虑顺河向和竖向地震动力，选用 EI Centro 地震波，竖向地震波选择 V 向地震波（峰值 $2.063\mathrm{m/s^2}$），顺河向地震波选择 N-S 向地震波（峰值 $3.417\mathrm{m/s^2}$），地震加速度时程曲线如图 7-31、图 7-32 所示。

2. 计算结果及分析

利用编写的程序，对印度柯依那（Koyna）重力坝的顺河向和竖向进行了有限元动力计算，分析了大坝的加速度、位移和应力的极值。为了和文献［15］进行对比，在此

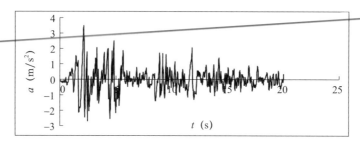

图 7-31　顺河向加速度地震波时程线

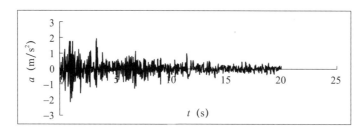

图 7-32　竖向加速度地震波时程线

只给出了加速度极值包络图，如图 7-33 所示。自编程序计算的大坝加速度、位移和应力包络图的极大值见表 7-8。

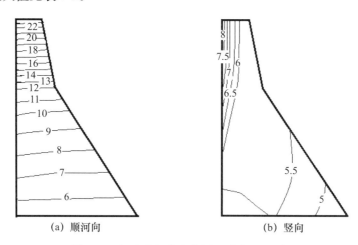

(a) 顺河向　　　　　　　　　　　　(b) 竖向

图 7-33　加速度极值包络图（单位：m/s²）

表 7-8　地震反应量极大值对比

计算程序	加速度极值（m/s²）		位移极值（cm）		应力极值（MPa）	
	顺河向	竖向	顺河向	竖向	主压应力	主拉应力
自编程序计算	22.12	8.11	10.21	3.05	6.94	−6.87
文献 [15] 计算	23.77	8.62	10.94	3.68	7.56	−7.29

注：表中应力正负规定：压为正，拉为负。

由加速度包络图 7-33 可知：大坝顺河向和竖向的加速度包络图等值线的变化规律基本相同，均为自坝基向坝顶逐渐增大，且增加的速度，沿坝高逐渐加快。在表 7-8

中，对自编程序动力计算的加速度、位移和应力的包络图的极值与文献［15］的计算结果进行了对比，结果基本一致，但自编程序动力计算值略小于文献［15］的计算值。通过对印度柯依那（Koyna）重力坝的地震动力分析，验证了自编程序的正确性及适用性。

7.8.2　程序验证：算例 2

算例 2 为一典型的非线性材料均质坝，下面利用所编写的程序对均质坝对进行地震反应分析，分析结果与文献［16］进行了对比。

1. 计算模型

选取理想均质坝，采用基于 ADINA 的自编程序进行地震反应计算。该均质坝模型坝高 100m，坝顶宽 15m，上下游坡度为 1 : 1.5，坝轴线长为 100m。坐标系：顺河向由上游水平指向下游为 X 轴，横河向由右岸水平指向左岸为 Y 轴，铅直向上为 Z 轴。按空间 8 结点六面体等参元对均质坝模型进行有限元网格单元划分。剖分总单元数 600 个，总结点数共计 842 个，坝体网格剖分如图 7-34 所示。

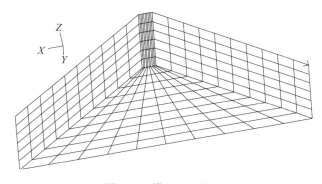

图 7-34　模型网格剖分

2. 坝体填筑及水荷载施加

基于坝体施工为分层填筑和堆石体等材料的非线性特性，坝体荷载采用逐级加载的方式。地震前静力计算按均质坝施工填筑的先后顺序分 5 级来模拟，填筑坝高 20m 作为一级荷载。坝体填筑完成后，从第 6 级开始蓄水，蓄水至坝高 90m 时止。

3. 本构模型及其参数选取

该均质坝静力计算采用邓肯-张 E-v 模型，该模型计算参数见表 7-9。

表 7-9　堆石料模型计算参数

堆石参数	K	φ (°)	c /Pa	n	R_f	G	F	D	γ (kg/m³)
	1000	53	120000	0.47	0.87	0.41	0.09	1.48	2200

动力分析采用的等效线性模型，动力计算分析所需的初始剪切模量和阻尼比由静力计算分析结果得到。

4. 地震荷载施加

施加的地震荷载采用美国加利福尼亚埃尔森特罗南北方向地震记录，地震波间隔时间 0.02s。加速度最大值 0.2g（约 2m/s²），地震加速度时程线如图 7-35 所示。有限元计算中，在水平顺河向输入地震波，计算均质坝在该地震荷载作用下的地震动力响应。

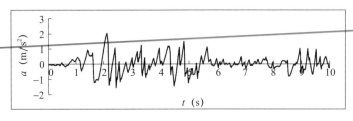

图 7-35　地震加速度时程线

5. 动力计算结果及分析

（1）加速度反应及分析

坝顶处沿坝轴线方向上各点的绝对加速度峰值分布如图 7-36 所示。

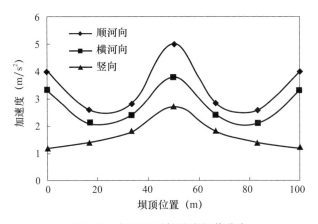

图 7-36　坝顶绝对加速度极值分布

图 7-36 为坝顶沿坝中轴线各断面绝对加速度极值。由该图可知：顺河向绝对加速度反应明显大于横河向和竖向，且横河向绝对加速度反应又大于竖向。最大值绝对加速度发生在坝体中部断面，峰值为 $5.05 \mathrm{m/s^2}$，放大倍数为 2.5 倍。竖向绝对速度相比最小，其最大值为 $2.68 \mathrm{m/s^2}$，放大倍数为 1.34 倍。横河向绝对加速度最大值为 $3.81 \mathrm{m/s^2}$，介于竖向和顺河向之间，放大倍数为 1.9 倍。

图 7-37 表示在顺河向地震作用下，坝体中部剖面对称轴线上，顺河向、横河向和竖向 3 个方向的峰值加速度沿坝高的分布规律。从图 7-37 中可以看出：3 个方向的加速度最大值均出现在坝顶。顺河向的地震加速度反应最为激烈，坝顶最大加速度为 $4.98 \mathrm{m/s^2}$，放大倍数达到 2.49。横河向坝顶最大加速度为 $2.82 \mathrm{m/s^2}$，其放大倍数为 1.28 倍，大于竖向绝对加速度。竖向加速度最小，最大加速度为 $2.02 \mathrm{m/s^2}$。

（2）动位移反应及分析

在均质坝中部剖面，顺河向、横河向和竖向 3 个方向的最大位移沿坝高的分布规律如图 7-38 所示。

由图 7-38 可以得出：中部断面顺河向、横河向和竖向的位移极值分布均为从坝底至坝顶逐渐增大，与加速度极值分布规律一致。顺河向动力位移反应最大，最大值为 6.07cm，位移极值明显大于横河向和竖向，坝底较小，其值为 2.68cm。竖向位移与顺河向、横河向相比，位移最小，其最大值为 2.05cm。横河向位移反应介于顺河向和竖向之间，其坝顶和坝底位移分别为 2.65cm 和 0.91cm。

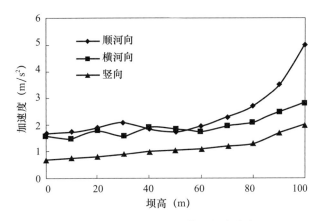

图 7-37 绝对加速度极值沿坝高分布

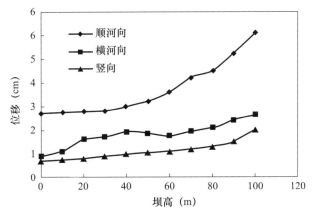

图 7-38 动位移极值沿坝高分布

（3）地震动力反应对比验证

将自编程序动力反应结果与文献［16］中的程序计算结果进行了对比，加速度和动位移反应的最大值和最小值对比结果见表 7-10、表 7-11。

表 7-10 加速度极大值对比

计算程序	坝顶沿坝轴向加速度极值（m/s²）			沿坝高加速度极值（cm）		
	顺河向	横河向	竖向	顺河向	横河向	竖向
自编程序计算	5.05	3.81	2.68	4.98	2.82	2.02
文献［16］计算	4.52	3.31	2.2	3.77	2.52	2.12

表 7-11 动位移沿坝高极大值对比

计算程序	沿坝高动位移极值（cm）		
	顺河向	横河向	竖向
自编程序计算	6.07	2.65	2.05
文献［16］计算	5.09	2.15	2.01

由图 7-36～图 7-38 与文献［16］中动力的计算结果对比可知，加速度和动位移反应规律基本一致。由表 7-10、表 7-11 对比分析可得到，地震动力反应加速度和位移最大值也基本一致，差别较小，极值出现在坝体的位置与文献［16］中的计算结果一致。因此，验证了本程序对土石坝的适用性。

参考文献

［1］　陈树文．西龙池电站上水库沥青混凝土面板堆石坝填筑施工技术［J］．南水北调与水技，2008，6（5）：118-120.

［2］　ZHANG BING YIN，YUAN HUI NA，LI QUAN MING. Displacement back analysis of embankment dam basedon neural network and evolutionary algorithm［J］. Rock and Soil Mechanics，2005，26（4）：547-552.

［3］　侍倩．土工试验与测试技术［M］．北京：化学工业出版社，2005.

［4］　姜朴．现代土工测试技术［M］．北京：中国水利水电出版社，1997.

［5］　孙静．岩土动力参数测试技术与应用［M］．哈尔滨：黑龙江大学出版社，2007.

［6］　HARDIN B O，DRNEVICH V P. Shear modulus and damping in soils：Measurement and parameter effects［J］. Soil Mech. Found. Div.，1972，98：603-624.

［7］　朱百里，沈珠江．计算土力学［M］．上海：上海科学技术电出版社，1990.

［8］　顾淦臣，沈长松，岑威钧．土石坝地震工程学［M］．北京：中国水利水电出版社，1988.

［9］　马野，袁志丹，曹金凤．ADINA 有限元经典实例分析［M］．北京：机械工业出版社，2011.

［10］　BATHE K J. Finite Element Procedures［M］. London：Prentice Hall，1996.

［11］　岳戈．ADINA 应用基础与实例详解［M］．北京：人民交通出版社，2008.

［12］　谭浩强．FORTRAN 语言：FORTRAN 77 结构化程序设计［M］．北京：清华大学出版社，1998.

［13］　彭国伦．FORTRAN95 程序设计［M］．北京：中国电力出版社，2002.

［14］　沈珠江，徐刚．堆石料的动力变形特性［J］．水利水运科学研究，1996，6（2）：143-150.

［15］　王帅．考虑地基远域能量逸散及地震波斜入射时土石坝地震反应分析研究［D］．南京：河海大学，2012.

［16］　王宵．面板堆石坝三维动力响应分析［D］．天津：天津大学，2005.

8 浇筑式沥青混凝土心墙坝
动力分析及抗震安全评价

本章采用基于 ADINA 软件而编制的动力计算程序，对新疆某浇筑式沥青混凝土心墙坝进行静动力有限元计算，并对计算结果进行分析。研究浇筑式沥青混凝土心墙坝的静动力工作性状，并对该坝的抗震安全性能进行评价。

8.1 工程概况

新疆某水库工程是具有灌溉、供水、防洪等效益的综合利用工程，水库大坝为浇筑式沥青混凝土心墙堆石坝。大坝正常蓄水位 1474m，对应库容 2100 万 m^3，拦河坝坝高 66m，控制灌溉面积 1.35 万 hm^2。担负着下游石油和工业园区 1110.85 万 m^3/a 的供水任务，该水库工程为 III 等中型工程。上游坝面坡比为 1：2.25，下游坝面坡比为 1：2.00。沥青混凝土心墙坝以坝料强度、渗透性、压缩性、施工方便和经济合理等为原则进行分区。除浇筑式沥青混凝土心墙外，大坝其他部位包括坝壳料区、过渡料区、上游围堰和利用料区等，坝体计算的典型横剖面如图 8-1 所示。

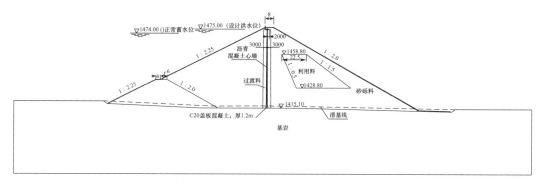

图 8-1 坝体典型横剖面示意图

8.2 有限元分析模型

根据大坝分区特点，建立坐标系。横河向为 X 轴方向，顺河向为 Y 轴方向，沿高程增加的铅直方向为 Z 轴方向。利用有限元软件 ADINA，建立了三维有限元分析模型，对大坝进行了网格剖分。对坝体进行有限元网格剖分时，采用八结点四边形单元，为了较准确的模拟沥青混凝土心墙和过渡料的应力和变形情况，在心墙和过渡料的交界面、心墙和基座的交界面均设置了接触单元，得到有限元分析模型如图 8-2 所示。

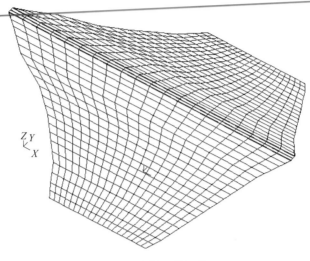

图 8-2　有限元分析模型

8.3　动力计算材料参数

三维地震动力响应分析采用的模型为等效线性模型，其参数动模量和阻尼比等均来自室内动三轴的试验的结果，具体见表 8-1 和表 8-2。

表 8-1　坝体材料动力计算模型参数

项目	K	n	$\lambda_{\max}$
坝壳料	1504	0.77	0.21
过渡料	1510	0.62	0.18
利用料	1566	0.71	0.14

表 8-2　心墙浇筑式沥青混凝土材料的动力计算模型参数

参数	K_1	n	$\lambda_{\max}$
浇筑式沥青混凝土心墙	263	0.42	0.24

8.4　地震波输入

计算时同时输入水平顺河向、横河向和竖向地震作用，水平向加速度峰值为 $3.417\mathrm{m/s^2}$，竖直向加速度峰值取为顺河向的 $2/3$，竖向加速度峰值为 $2.278\mathrm{m/s^2}$（图 8-3）。地震波历时 30s，计算时间步长为 0.02s。

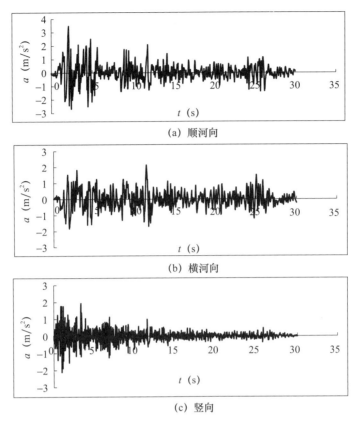

(a) 顺河向

(b) 横河向

(c) 竖向

图 8-3　地震加速度时程线

8.5　动力计算结果及分析

利用编写的动力计算程序，进行地震响应分析。先进行静力计算，为动力计算提供坝体的初始应力场，然后再进行动力响应计算，研究浇筑式沥青混凝土心墙坝的地震动力响应的规律。

8.5.1　绝对加速度响应结果及分析

根据有限元分析模型，对浇筑式沥青混凝土心墙坝进行地震动力响应分析。坝体最大剖面加速度响应结果，如图 8-4 和图 8-5 所示，心墙纵剖面顺河向和竖向的加速度等值线图，如图 8-6 和图 8-7 所示。

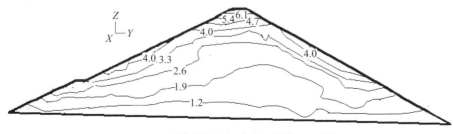

图 8-4　坝体顺河向加速度（单位：m/s^2）

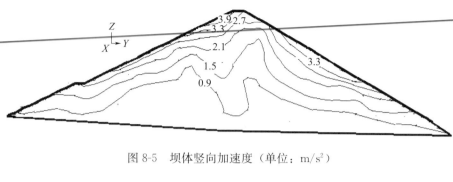

图 8-5　坝体竖向加速度（单位：m/s²）

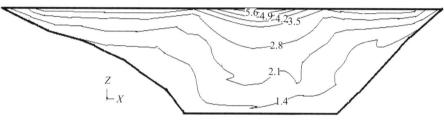

图 8-6　心墙顺河向加速度（单位：m/s²）

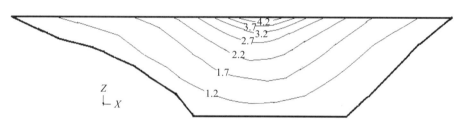

图 8-7　心墙竖向加速度（单位：m/s²）

图 8-4 和图 8-5 分别为坝体典型剖面顺河向和竖向最大绝对加速度等值线图，图 8-6 和图 8-7 分别为心墙纵剖面顺河向和竖向最大加速度等值线图。由加速度等值线图可得：坝体和心墙顺河向和竖向绝对加速度最大值分布形式均为从坝基到坝顶逐步增大的规律，在坝顶的附近达到极大值。大坝及心墙的位置越高，加速度越大，且加速度增加幅度随坝高的增大而增大。

坝体顺河向最大加速度为 6.277m/s^2，横河向最大加速度为 6.014m/s^2，竖向最大加速度为 4.482m/s^2。顺河向、横河向和竖向的加速度放大倍数分别为 1.84、1.76 和 1.97，竖向放大倍数大于顺河向和横河向。心墙顺河向、横河向和竖向最大加速度分别为 6.012m/s^2、5.814m/s^2、4.293m/s^2。

从加速度等值线图中可看出，总体上加速度在坝体和心墙内的反应不大，加速度放大系数小于 2.0。在坝顶区，存在明显的鞭梢效应，使加速度在坝顶处的放大系数较高。

8.5.2　动位移计算结果分析

浇筑式沥青混凝土心墙坝的动位移计算结果，如图 8-8、图 8-9 所示。心墙动位移计算结果，如图 8-10、图 8-11 所示。

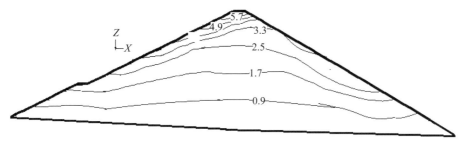

图 8-8　坝体顺河向位移（单位：cm）

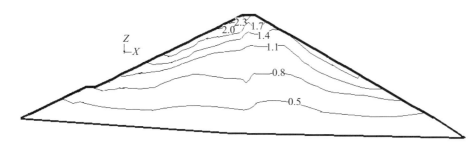

图 8-9　坝体竖向位移（单位：cm）

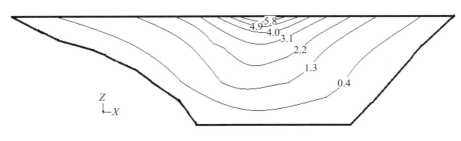

图 8-10　心墙顺河向位移（单位：cm）

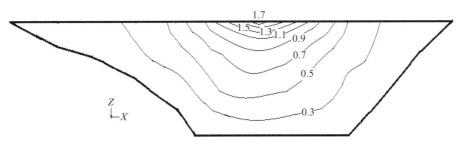

图 8-11　心墙竖向位移（单位：cm）

　　图 8-8 和图 8-9 分别为坝体顺河向、竖向最大动位移等值线图，图 8-10 和图 8-11 分别为心墙纵剖面顺河向、竖向最大动位移等值线图。由动位移等值线图可以得出：坝体和心墙顺河向和竖向的动位移最大值分布从坝基到坝顶逐步增大，在坝顶的附近达到极大值。坝体顺河向最大动位移为 5.855cm，横河向最大动位移为 2.511cm，竖向最大动

位移为 2.504cm；心墙顺河向、横河向和竖向最大动位移分别为 5.742cm、2.491cm 和 2.487cm。

8.6　浇筑式沥青混凝土心墙抗震安全评价

8.6.1　抗震安全评价指标

1. 心墙永久变形

沥青混凝土材料不发生液化现象，因此，心墙的变形程度采用永久变形及动强度安全系数等指标进行评价。心墙在地震荷载作用下产生的不可恢复的变形称为永久变形，但目前对土石坝的永久变形所允许的最大值还无明确的要求和标准，大部分情况下都是根据工程和设计经验，以满库时不漫溢作为衡量永久变形的标准[1-3]。动强度安全系数 K 值等于试验得到的抗液化剪应力比与动力计算得出的动剪应力比的比值。对于可发生液化的土料，当 K 小于 1 时，土料将液化。对于不能液化的材料，当 K 小于 1 时，心墙的变形将会加大，可能导致在顶部逐渐出现裂缝等一些破坏特征[4-5]。

2. 心墙开裂

心墙开裂采用应力控制的指标对心墙是否发生裂缝的进行判断[6]。因此，在静动力有限元计算中，静动应力叠加出现低压应力的区域，认为该区域为心墙产生裂缝的潜在区域。

8.6.2　心墙坝抗震安全评价

1. 心墙永久变形

基于有限元分析模型，对浇筑式沥青混凝土心墙进行永久变形分析。心墙的永久变形等值线图，如图 8-12～图 8-14 所示。

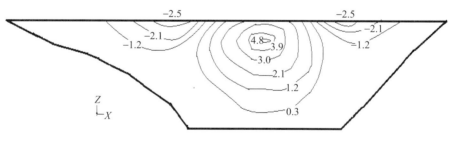

图 8-12　心墙顺河向永久变形（单位：cm）

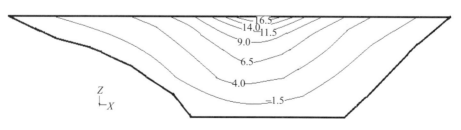

图 8-13　心墙竖向永久变形（单位：cm）

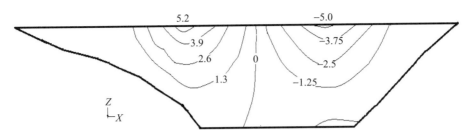

图 8-14 心墙横河向永久变形（单位：cm）

图 8-12～图 8-14 分别为地震荷载作用下，心墙纵剖面的顺河向、竖向和横河向的永久变形等值线图。整体上看，在地震荷载作用下，沥青混凝土心墙坝顶中部及附近永久变形最为明显。心墙顺河向最大永久变形为向上游为 4.9cm、向下游为 5.4cm，心墙顺河向最大永久变形发生在坝顶偏下游的心墙附近。沥青心墙永久变形的竖向等值线图表明，竖向变形随着坝高的增加而逐渐增大，竖向最大永久位移为 16.8cm，发生在心墙顶的中部附近，约占坝高的 0.25％。横河向永久变形两岸基本对称分布，岸坡段的沥青心墙均向河床中部变形，向左岸方向的最大永久变形值为 5.2cm，发生在约右岸 1/4 剖面坝顶。向右岸方向的最大永久变形值为 5.1cm，发生在约左岸 1/4 坝顶。沥青心墙在地震中的竖向沉陷大于顺河向和横河向的变形，地震变形主要表现为震陷。

2. 心墙潜在开裂区

图 8-15 为在地震荷载作用下，沥青心墙最大纵剖面横河向最大动拉应力与静应力叠加后的应力等值线图。心墙坝最大剖面心墙基本上全部表现为受压，心墙顶部位压应力较小。在两岸岸坡附近横河向的应力，由于沥青混凝土心墙向河床中部变形，导致两岸岸坡附近的压应力小于河床部位的压应力，在 0.1MPa 左右。在两岸坝肩顶部存在低压应力区，该部位是地震灾害工程中容易发生开裂的部位，这些区域心墙容易产生横缝。

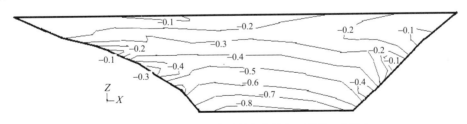

图 8-15 心墙横河向最不利应力叠加（单位：MPa）

3. 沥青混凝土心墙的动强度

由动力计算结果可知，地震荷载作用下，坝顶的绝对加速度最大。因此，惯性力也较大。根据静力计算结果，坝顶的静应力却很小，围压也比较低。因此，坝顶的动剪应力比较大，坝顶附近及心墙顶部的动剪应力有可能会超过动剪强度。

在地震荷载作用下，根据动力计算结果，得到浇筑式沥青混凝土心墙坝最大剖面的动剪应力比等值线，如图 8-16 所示。

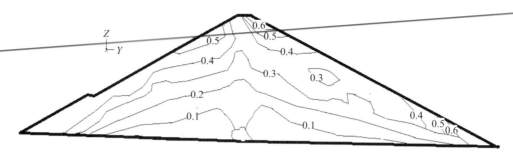

图 8-16　心墙坝典型剖面动剪应力比

由图 8-16 等值线图分析可知：心墙坝动剪应力比基本上随着坝高的增加而逐渐增大，最大动剪应力比为 0.6。但在心墙下游坝趾处动剪应力比也达到了 0.6。当增大沥青用量到 11% 时，最大动剪应力比为 0.65。

动强度安全系数计算结果：沥青混凝土心墙坝绝大部分区域的动强度安全系数均大于 1.2，在坝顶较小范围内的动强度安全系数小于 1.2，但仍大于 1.0，主要集中在坝顶以下较小范围内的过渡料层中。当沥青用量增大到 11% 时，该部位安全系数小于 1.2 的区域有扩大的趋势。但主要区域仍集中在上游过渡料层的顶部，因此基本不会给心墙坝带来危害。

参考文献

[1]　张军辉，张安顺，彭俊辉，等．循环荷载下路基黏土永久变形特性及力学模型 [J]．中国公路学报，2024，37（6）：34-45.

[2]　李闯，宋志强，刘升欢．近断层地震动作用下易液化深厚覆盖层场地上高土石坝动力响应 [J]．振动与击，2023，42（17）：228-237.

[3]　刘维正，徐阳，石志国，等．湿化作用下改良膨胀土永久变形特性多级加载试验研究 [J]．中南大学学报（自然科学版），2022，53（1）：296-305.

[4]　刘建军，李跃明，车爱兰．地震载荷下岩质边坡动安全系数评价 [J]．应用力学学报，2011，28（06）：595-601，672.

[5]　刘建军，李跃明，车爱兰．基于统一强度理论的岩质边坡稳定动安全系数计算 [J]．岩土力学，2011，32（S2）：666-672.

[6]　王飞，宋志强，刘云贺，等．SV 波空间斜入射下沥青混凝土心墙响应特性及抗拉破坏评价研究 [J]．岩土工程学报，2023，45（8）：1733-1742.

9 浇筑式沥青混凝土本构模型参数敏感性分析

沥青混凝土心墙坝的各项技术在国内外都发展很快，其设计技术也在不断完善。大坝的设计是否合理，直接影响到大坝的安全运行，而沥青混凝土心墙的设计则是大坝设计的重中之重。沥青混凝土的应力-应变关系具有显著的非线性，在实际问题中沥青混凝土各点的受力状况是千变万化的。不仅随荷载的大小而异，还与施加荷载的路径等有关。沥青混凝土要发生屈服，产生塑性变形。因此，合适的本构模型是实现数值模拟的前提和基础，当计算模型确定后，关键在于正确地确定计算参数。因此，需要对材料的力学模型参数进行敏感性分析，正确掌握这些参数对计算结果的影响，用来指导设计参数的选取，勘测、试验及施工人员对控制点的布设，提高结构可靠度和参数反分析的计算效率[1-2]。

9.1 敏感性分析

敏感性分析是指从定量分析的角度研究分析相关因素发生某种变化对一个或一组关键指标影响程度的一种不确定的分析技术。其实质上是通过改变相关变量数值的方法去解释关键指标受到这些因素变化的影响，大小发生变化的规律，从而找出各因素的变化对试验指标的影响程度。现行的研究分析方法主要有单因素分析法和多因素分析法两类。传统的各种单因素分析方法，本质上都是选定了一个指标，并使其中的一个因素发生变化，同时假定其他因素的值保持不变，并通过比较基准值随因素变化的大小，利用指标值随因素的变化曲线来直观地反映各因素的敏感性大小。单因素分析方法优点是能够比较直观地反映各因素对指标值的影响，但是只能其中一个因素变化，而其他因素不变。多因素敏感性分析的研究，目前常用的主要有正交设计方法，对试验结果的分析有极差和方差分析法两种。极差分析简单易懂，只需要对试验测试结果进行少量计算分析，就可得到各因素对试验指标的影响程度[3]。但是，极差分析法没有把试验过程中，试验条件所引起的数据波动进行区分。因此，各种分析方法，都有其优点，也有不足之处。要根据分析对象的特点，选择合理有效的参数敏感性分析方法。

已有学者对土石坝的材料参数进行过敏感性分析研究，但这些研究都是针对普通土石坝而进行的，研究也不够完善。还未发现对浇筑式沥青混凝土材料参数敏感性分析。因此，本章以第 5 章的新疆某浇筑式沥青混凝土心墙坝为研究对象，分别采用单因素和多因素分析方法，详细探讨浇筑式沥青混凝土材料参数对心墙静动力性能的敏感性及参数的敏感性排序。

9.2 浇筑式沥青混凝土静力
本构模型参数敏感性分析

在土石坝的静力分析中，邓肯-张模型是国内外土石坝工程应用最广泛的本构模型之一。因此本章以邓肯-张 E-v 模型进行静力有限元分析，探讨浇筑式沥青混凝土参数对心墙静力性能的敏感性，以确定邓肯 E-v 模型参数的敏感性及其敏感性排序；为选取邓肯 E-v 模型和反演参数等提供依据，同时也为研究因素敏感性分析方法提供参考。

9.2.1 单因素材料模型参数敏感性分析

1. 温控参数折减法

在通常的有限元分析程序中，需要在输入文件中给定材料参数。研究材料参数对性能的影响，需要反复修改文件中材料参数的值，然后再进行计算。每一组参数都要重新输入，显然，计算比较烦琐。在大型通用有限元程序中，可以利用其现成的材料参数可随温度场变量的变化而变化的功能，定义材料参数指标 f 随温度场的变化而变化，函数式为 $f(\theta)=f(\theta_0) \times (1.2-0.1\theta)$，其中 $f(\theta_0)$ 为材料参数初始值。此时温度场只是一个变量场，不代表实际的温度，只是起到带动材料参数变化的作用[4]。在有限元静力分析中的时步不代表真实的时间，而是只代表"载荷"的变化过程。当时间 t 由 0 增加到 1 时，定义温度场 θ 随时步 t 也由 0 增加到 1，$\theta(t)=t$，即实现材料参数与时步 t 的一一对应关系，并随着 t 的增加而线性折减。该过程均由有限元软件自动完成，不需要重新编制程序或人为重复输入材料参数进行再计算的过程。

2. 基准参数的选取

此次敏感性分析采用第 8 章新疆某浇筑式沥青混凝土心墙坝（图 8-1）的典型横剖面为研究对象进行分析，浇筑式沥青混凝土心墙坝的典型横剖面网格如图 9-1 所示。在有限元分析计算中，坝壳料、过渡料、沥青混凝土心墙和利用料采用邓肯-张 E-v 模型，通过室内三轴试验，得到其材料基准模型参数，具体见表 9-1。

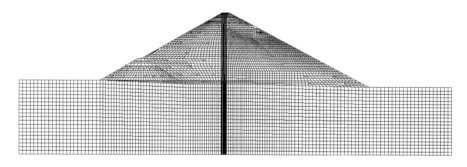

图 9-1 典型剖面有限元模型

表 9-1 坝体材料静力计算模型基准参数

试样	c（Pa）	φ（°）	K	n	R_f	G	F	D
坝壳料	131000	41	1020	0.47	0.80	0.41	0.09	1.51
过渡料	64000	39.5	870	0.62	0.77	0.46	0.11	1.47
利用料	141000	39.5	820	0.26	0.78	0.38	0.19	3.92
沥青混凝土心墙	220000	28.0	210	0.15	0.58	0.51	0.042	0.65

3. 本构模型参数对心墙位移和主应力的敏感性

针对邓肯-张 E-v 模型的 8 个基本参数（c、φ、K、n、R_f、G、F、D），采用温控参数折减法（$t=0$、1、2、3、4）对沥青混凝土心墙坝（满蓄期）进行了数值模拟计算。采用单因素分析方法即每一组通过改变其中一个参数，保持其他参数不变，来讨论心墙参数对沥青混凝土心墙顺河向、竖向最大位移和大、小主应力的影响。

通过有限元计算，得到邓肯-张 E-v 模型的参数变化对沥青混凝土心墙的顺河向最大位移、竖向最大位移和大、小主应力的影响曲线，如图 9-2～图 9-17 所示。

（1）参数 c 对心墙位移和主应力的影响

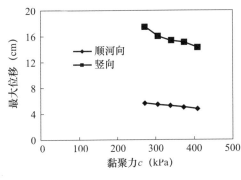
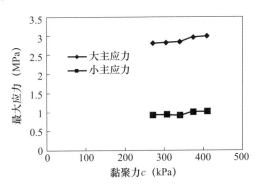

图 9-2 参数 c 对位移的影响　　　　图 9-3 参数 c 对主应力的影响

图 9-2 和图 9-3 为邓肯-张 E-v 模型的参数对浇筑式沥青混凝土心墙的顺河向最大位移、竖向最大位移及大、小主应力的影响曲线。由影响曲线可知：随着黏聚力 c 值的增加，沥青混凝土心墙的顺河向最大位移和竖向最大位移均减小，竖向位移要比顺河向位移的减小幅度大。大、小主应力呈现非线性增加，但增加的幅度较缓。

（2）参数 φ 对心墙位移和主应力的影响

图 9-4 和图 9-5 为内摩擦角 φ 的增减对心墙顺河向、竖向最大位移及大、小主应力的影响曲线。随着内摩擦角 φ 值增大，心墙顺河向最大位移和竖向最大位移均为减小趋势，当内摩擦角 φ 值为 25.2°时，顺河向最大位移为 5.22cm，竖向位移为 15.17 cm；当内摩擦角 φ 值增大到 27.7°时，此时顺河向位移为 5.12cm，竖向位移减小到 13.96cm。内摩擦角 φ 值增大对小主应力的影响很小，几乎没有影响。大主应力随 φ 值增大呈线性增加趋势。

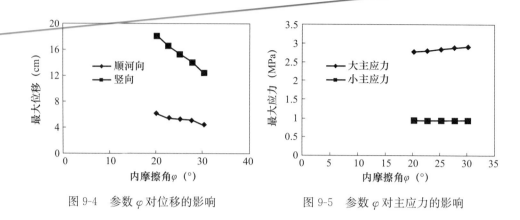

图 9-4　参数 φ 对位移的影响　　　　图 9-5　参数 φ 对主应力的影响

（3）参数 K 对心墙位移和主应力的影响

由图 9-6 可知：初始模量基数 K 的变化对沥青混凝土心墙的顺河向和竖向最大位移的影响较为显著。当参数 K 值增加时，心墙的顺河向和竖向最大位移均减小。当参数 K 为 825 时，顺河向和竖向最大位移分别 4.49cm 和 13.31cm；当参数 K 值达到 900 时，此时顺河向和竖向最大位移分别减小到 3.35cm 和 11.12cm。K 值对小主应力的影响很小，对大主应力影响较大，随 K 值增大呈线性增加，且增加的幅度较大（图 9-7）。

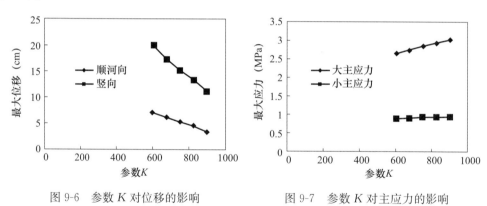

图 9-6　参数 K 对位移的影响　　　　图 9-7　参数 K 对主应力的影响

（4）参数 n 对心墙位移和主应力的影响

参数 n 对心墙的最大位移影响，如图 9-8 所示。初始切线变形模量 E_t 与围压力 σ_3 成指数关系，参数 n 为初始模量指数。当参数 n 增加时，心墙的顺河向最大位移在增加，竖向位移在减小；大、小主应力均增加。但 n 值的变化对顺河向、竖向最大位移及大、小主应力的影响较小（图 9-9）。

（5）参数 R_f 对心墙位移和主应力的影响

由图 9-10 和图 9-11 得出：当破坏比增大时，浇筑式沥青混凝土心墙的顺河向和竖向最大位移都相应增大，但竖向位移增加速度较快；大、小主应力随 R_f 的增加而减小，破坏比 R_f 对大主应力影响较大，对小主应力的影响很小。

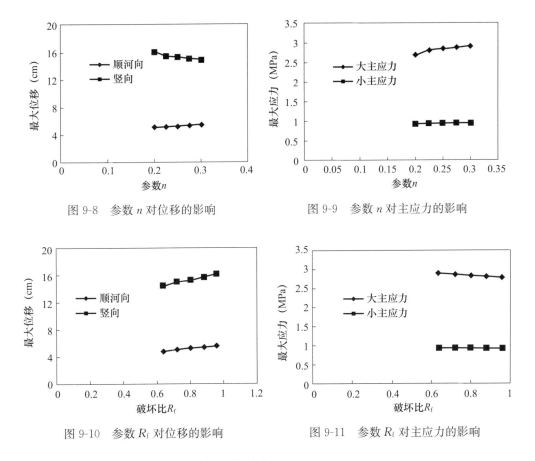

图 9-8　参数 n 对位移的影响 图 9-9　参数 n 对主应力的影响

图 9-10　参数 R_f 对位移的影响 图 9-11　参数 R_f 对主应力的影响

（6）参数 G 对心墙位移和主应力的影响

图 9-12 反映了心墙顺河向和竖向最大位移随参数 G 值的变化规律。最大位移随 G 值增大而减小，减小的幅度较大；且参数 G 越小，对位移的影响程度越大。参数 G 对大、小主应力影响都比较明显（图 9-13）。从变化趋势得出，参数 G 的影响比较大，是该模型的主控参数之一。

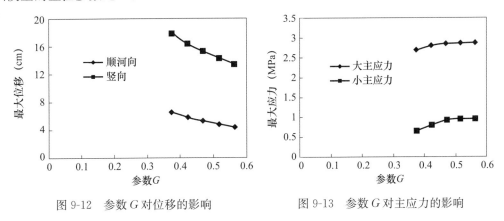

图 9-12　参数 G 对位移的影响 图 9-13　参数 G 对主应力的影响

（7）参数 F 和 D 对心墙位移和主应力的影响

参数 F 和 D 值的变化对心墙顺河向和竖向最大位移的影响都比较小，对大、小主应力的几乎没有影响（图 9-14～图 9-17）。最大竖向位移随参数 F 和 D 的增大而减小，顺河向最大位移随参数 F 的增大而减小、而随参数 D 的增大而增大。

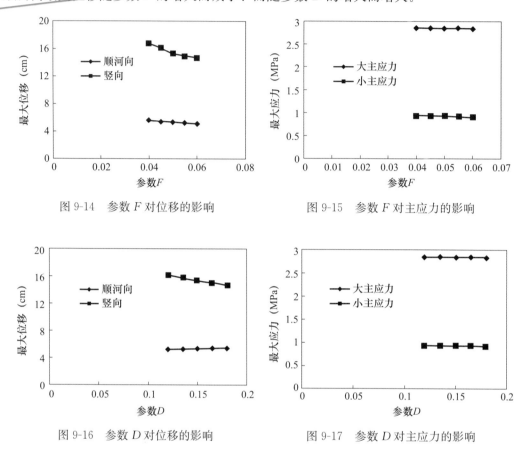

图 9-14　参数 F 对位移的影响　　　　图 9-15　参数 F 对主应力的影响

图 9-16　参数 D 对位移的影响　　　　图 9-17　参数 D 对主应力的影响

9.2.2　多因素材料模型参数敏感性分析

1. 正交设计方法

正交试验设计就是利用一套已有的规格化的正交表来安排多因素试验，并对试验结果进行统计分析，找出较优试验方案的一种科学方法[5]。正交表常记为 L_k (m^j)，其中 L 代表正交表的符号，k 为正交表安排试验的次数，m 代表每个因素的水平数，j 为最多可安排因素的个数。正交试验设计的优点在于它大大减少试验次数，提高工作效率。正交试验设计的优点来自它的特点，正交试验的特点表现为：（1）正交表中任一列所含各种水平的个数都相同，有很好的整齐可比性；（2）正交表中任何两列所有可能的数对出现的次数都相同，有很好的均衡搭配性[6-8]。在进行浇筑式沥青混凝土配合比设计时，由于影响配合比设计的因素较多、量测数据离散、试验工作繁重，如果不科学地安排试验，往往做了大量试验而得不到预期的效果。而正交试验设计正是根据正交性从全面试验中挑选出部分具有代表性的点进行试验，这些点具备了"均匀分散，齐整可比"的特点。然后通过对代表性点的试验进行结果分析，进而推广到整体试验。因此，正交试验设计是一种高效率、快速、较经济的试验设计方法。

2. 正交设计方案

（1）试验指标的选取。在参数敏感性分析中，根据试验指标的选取原则，考虑浇筑式沥青混凝土心墙在水荷载和自重的作用下，发生沉降位移和顺河向水平位移对大坝的影响较大，因此，选择典型剖面心墙的顺河向最大位移、竖向最大位移及心墙的大、小主应力作为参数敏感性分析的试验指标。

（2）确定试验的因素和水平。根据单因素心墙材料的敏感性分析可知，在邓肯-张 E-v 模型中，对心墙静力计算结果影响较大的参数为 φ_0、K、R_f 和 G 4 个参数。因此，选择模型中的 φ_0、K、R_f 和 G 共 4 个参数进行敏感性分析。本章以室内浇筑式沥青混凝土的试验材料参数为基础，以心墙作为敏感性分析的对象；在敏感性分析中，每个计算参数依次按 20% 的增减量选出 4 个试验水平。参数敏感性分析的因素和各个因素的水平选择见表 9-2。

表 9-2　正交试验因素及各因素水平

水平	试验因素			
	A（φ_0）	B（K）	C（R_f）	D（G）
1	25.2	189	0.522	0.459
2	28.0	210	0.580	0.510
3	30.8	231	0.638	0.561
4	33.6	252	0.696	0.612

（3）选择正交表，确定试验设计方案。假设选定计算模型中的各个参数之间无交互作用。根据试验因素的个数及各因素的水平数，选用正交表 L_{16}（4^5）安排试验。将试验因素及各因素的水平分配到正交表中，最后一列为空列。将正交表中的各元素按其对应的因素和水平替换成相应的模型参数值，即得到浇筑式沥青混凝土计算模型参数敏感性分析的正交试验方案。表中每一行对应一组试验，正交试验设计方案见表 9-3。

表 9-3　正交试验设计方案

试验号	试验因素				
	A	B	C	D	E 空列
1	1（25.2）	2（210）	3（0.638）	3（0.561）	2
2	2（28.0）	4（252）	1（0.522）	2（0.510）	2
3	3（30.8）	4（252）	3（0.638）	4（0.612）	3
4	4（33.6）	2（210）	1（0.522）	1（0.459）	3
5	1（25.2）	3（231）	1（0.522）	4（0.612）	4
6	2（28.0）	1（189）	3（0.638）	1（0.459）	4
7	3（30.8）	1（189）	1（0.522）	3（0.561）	1
8	4（33.6）	3（231）	3（0.638）	2（0.510）	1
9	1（25.2）	1（189）	4（0.696）	2（0.510）	3
10	2（28.0）	3（231）	2（0.580）	3（0.561）	3
11	3（30.8）	3（231）	4（0.696）	1（0.459）	2

试验号	试验因素				
	A	B	C	D	E 空列
12	4 (33.6)	1 (189)	2 (0.580)	4 (0.612)	2
13	1 (25.2)	4 (252)	2 (0.580)	1 (0.459)	1
14	2 (28.0)	2 (210)	4 (0.696)	4 (0.612)	1
15	3 (30.8)	2 (210)	2 (0.580)	2 (0.510)	4
16	4 (33.6)	4 (252)	4 (0.696)	3 (0.561)	4

3. 仿真试验结果

按表 9-3 所示 L_{16}（4^5）选取的各因素水平的正交设计试方案，计算试验指标，即浇筑式沥青混凝土心墙的顺河向最大位移和竖向最大位移。将典型剖面心墙的顺河向最大位移和竖向位移计算结果分别列于表 9-4 中。

表 9-4　试验指标仿真计算结果

试验号	试验结果	
	顺河向位移（cm）	竖向位移（cm）
1	4.73	14.11
2	4.12	12.34
3	4.01	9.52
4	4.51	14.12
5	4.35	9.51
6	4.96	14.92
7	4.86	14.21
8	4.27	11.02
9	5.14	14.93
10	4.43	10.15
11	4.35	10.87
12	4.71	12.45
13	4.36	12.84
14	4.32	13.49
15	4.53	14.97
16	3.82	8.91

4. 位移计算结果分析

（1）极差分析

根据仿真计算结果，采用极差法对结果进行分析。极差能体现一组数据波动的范围，极差越大离散程度越大。极差越大说明该影响因素改变时对试验指标的影响越大，是主要影响因素。因此，根据浇筑式沥青混凝土心墙坝的模拟试验结果，以水平位移和竖向位移为考核指标进行极差分析，分析结果见表 9-5。

表 9-5 顺河向最大位移的因素极差分析

试验因素	φ_0	K	R_f	G
K_1	18.58	19.67	17.84	18.18
K_2	17.83	18.09	18.03	18.06
K_3	17.75	17.40	17.97	17.84
K_4	17.31	16.31	17.63	17.39
k_1	4.65	4.92	4.46	4.55
k_2	4.46	4.52	4.51	4.52
k_3	4.44	4.35	4.49	4.46
k_4	4.33	4.08	4.41	4.35
极差 R	0.32	0.84	0.05	0.17

由表 9-5 顺河向最大位移的极差分析结果可知：以顺河向最大位移为试验指标，参数 φ_0 的极差 0.32cm，K 的极差为 0.84cm，参数 R_f 和 G 分别为：0.05cm、0.17cm。分析结果表明：参数 K 对指标的影响最大，其次为 φ_0。各因素对顺河向最大位移的敏感性由大到小依次为：$K > \varphi_0 > G > R_f$。

竖向最大位移的极差分析结果见表 9-6。

表 9-6 竖向最大位移的因素极差分析

试验因素	φ_0	K	R_f	G
K_1	51.39	56.51	50.18	52.75
K_2	50.90	56.69	50.41	53.26
K_3	49.57	41.55	49.57	47.38
K_4	46.50	43.61	48.20	44.97
k_1	12.85	14.13	12.55	13.19
k_2	12.73	14.17	12.60	13.32
k_3	12.39	10.39	12.39	11.85
k_4	11.63	10.90	12.05	11.24
极差 R	1.22	3.78	0.55	2.08

由表 9-6 可得：以竖向位移为考察指标，参数的 φ_0 极差 1.22cm，K 的极差为 3.78cm，参数 R_f 和 G 分别为 0.55cm、2.08cm。极差分析结果表明，参数 K 对指标的影响最显著，其次是参数 G。各因素对竖向最大位移的敏感性依次为 $K > G > \varphi_0 > R_f$。

将顺河向最大位移和竖向最大位移的影响因素极差分析结果进行整理，按照各因素对各试验指标的极差值绘制极差柱状图，如图 9-18 所示。

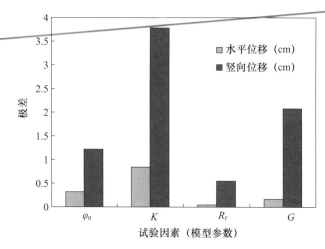

图 9-18　试验指标参数敏感性对比

（2）方差分析

极差分析法比较直观、计算简单、应用方便，但不能估计试验过程中和试验结果测定中必然存在的误差大小，分析的结论比较粗糙，因此，还需要对试验结果进行方差分析。根据浇筑式沥青混凝土的顺河向最大位移和竖向位移的仿真试验结果，采用 SPSS 软件进行单变量方差分析，分析心墙计算模型参数 φ_0、K、R_f 和 G 对心墙顺河向和竖向最大位移的敏感性。

①顺河向位移方差分析

表 9-7 为心墙顺河向最大位移的 4 个影响因素（参数 φ_0、K、R_f 和 G）方差分析表，从中可以看出，参数 φ_0 的显著值为 0.046，参数 K 的显著值为 0.003，参数 R_f 和 G 的显著值分别为 0.391、0.055。因此，参数 φ_0 和 K 在 $\alpha=0.05$ 水平上具有显著意义（概率值 $P<0.05$）。即参数 K 和 φ_0 对心墙顺河向最大位移的影响显著，参数 R_f 和 G 对顺河向位移的影响不显著。由 F 值的量值比较也可看出，参数 φ_0、K 和 G 是影响顺河向最大位移的主要因素，R_f 对试验结果的影响较小，参数的敏感性顺序依次为 $K>\varphi_0>G>R_f$，与极差分析的结果一致。

表 9-7　顺河向最大位移方差分析

因素	平方和	自由度	均方	F 值	概率值
φ_0	0.208	3	0.069	8.535	0.046
K	1.486	3	0.495	60.843	0.003
R_f	0.024	3	0.008	0.963	0.391
G	0.091	3	0.030	3.721	0.055

②竖向位移方差分析

根据心墙竖向最大位移 4 个影响因素（参数 φ_0、K、R_f 和 G）方差分析结果（表 9-8）可知：参数 φ_0、K、R_f 和 G 的显著值分别为 0.156、0.009、0.304 和 0.042。心墙本构模型参数 K 和 G（$p<0.05$）对心墙竖向最大位移的影响有显著性意义，参数 φ_0 和 R_f 对竖向位移的影响不显著，模型参数敏感性顺序依次为 $K>G>\varphi_0>R_f$，与极差分析的结果一致。

表 9-8　竖向最大位移方差分析

因素	平方和	自由度	均方	F 值	概率值
φ_0	3.626	3	1.209	2.299	0.156
K	49.675	3	16.558	31.496	0.009
R_f	0.738	3	0.246	0.468	0.304
G	12.421	3	4.140	7.875	0.042

5. 主应力计算结果分析

浇筑式沥青混凝土心墙坝典型剖面心墙的大、小主应力仿真试验结果见表 9-9。

表 9-9　试验指标仿真计算结果

试验号	试验结果	
	大主应力（MPa）	小主应力（MPa）
1	2.73	1.11
2	3.02	0.94
3	3.21	1.12
4	2.51	1.12
5	3.15	1.21
6	2.36	0.78
7	2.86	0.95
8	2.77	0.81
9	2.34	0.85
10	2.83	0.85
11	2.75	0.75
12	2.91	1.15
13	3.06	0.84
14	3.02	1.01
15	2.53	0.9
16	3.32	0.81

（1）极差分析

根据浇筑式沥青混凝土心墙坝的仿真试验结果，以大、小主应力为试验指标进行极差分析，分析结果见表 9-10。

表 9-10　大主应力的因素极差分析

试验因素	φ_0	K	R_f	G
K_1	11.28	10.47	11.54	10.68
K_2	11.23	10.79	11.33	10.66
K_3	11.35	11.50	11.07	11.74
K_4	11.51	12.61	11.43	12.29
k_1	2.82	2.62	2.89	2.67

续表

试验因素	φ_0	K	R_f	G
k_2	2.81	2.70	2.83	2.67
k_3	2.84	2.88	2.77	2.94
k_4	2.88	3.15	2.86	3.07
极差 R	0.07	0.54	0.12	0.41

表 9-10 为心墙大主应力的影响参数极差分析结果。由分析结果可知：以最大主应力的极值为试验指标，参数的 φ_0 极差 0.07MPa，K 的极差为 0.54MPa，参数 R_f 和 G 分别为 0.12MPa、0.41MPa。分析结果表明，参数 K 对指标的影响最大，其次为 G。各因素对心墙最大主应力的敏感性顺序为 $K>G>R_f>\varphi_0$。

由表 9-11 心墙小主应力的极差分析结果可得：以小主应力为考察指标，参数的 φ_0 极差为 0.11MPa，K 的极差为 0.13MPa，参数 R_f 和 G 分别为 0.20MPa、0.25MPa。极差分析结果表明，参数 G 对指标的影响最大，其次是参数 R_f。各因素对小主应力的敏感性依次为 $G>R_f>K>\varphi_0$，将大、小主应力的影响因素极差分析结果，按照各因素对试验指标的极差值绘制极差柱状图，如图 9-19 所示。

表 9-11 小主应力的因素极差分析

试验因素	φ_0	K	R_f	G
K_1	4.01	3.73	4.22	3.49
K_2	3.58	4.14	3.74	3.50
K_3	3.72	3.62	3.82	3.72
K_4	3.89	3.71	3.42	4.49
k_1	1.00	0.93	1.06	0.87
k_2	0.90	1.04	0.94	0.88
k_3	0.93	0.91	0.96	0.93
k_4	0.97	0.93	0.86	1.12
极差 R	0.11	0.13	0.20	0.25

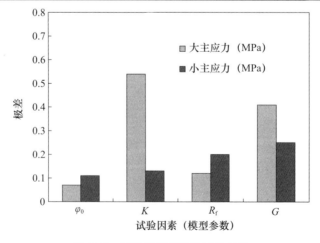

图 9-19 试验指标参数敏感性对比

（2）方差分析

根据浇筑式沥青混凝土的大、小主应力的仿真试验结果，采用 SPSS 软件进行单变量方差分析，分析心墙本构模型参数 φ_0、K、R_f 和 G 对心墙顺河向和竖向最大位移的敏感性。

①大主应力方差分析

表 9-12 为心墙大主应力的因素 φ_0、K、R_f 和 G 方差分析表，由表中分析结果可以看出，参数 φ_0 的概率值为 0.536，参数 K 的概率值为 0.042，参数 R_f 和 G 的概率值分别为 0.393、0.064。因此，参数 K（概率值 $P<0.05$）对心墙大主应力的影响较显著，参数 φ_0、R_f 和 G 对大主应力的影响不太显著。由 F 值的量值比较也可看出，参数 K 和 G 是影响大主应力的主要因素。参数的敏感性顺序为 $K>G>R_f>\varphi_0$，与极差分析的结果一致。

表 9-12　大主应力方差分析

因素	平方和	自由度	均方	F 值	概率值
φ_0	0.011	3	0.004	0.130	0.536
K	0.674	3	0.225	7.827	0.042
R_f	0.030	3	0.010	0.351	0.393
G	0.490	3	0.163	5.688	0.064

②小主应力方差分析

根据心墙小主应力的 4 个因素（参数 φ_0、K、R_f 和 G）方差分析结果（表 9-13）可知：参数 φ_0、K、R_f 和 G 的概率值分别为 0.439、0.317、0.156 和 0.065。心墙本构模型参数 φ_0、K、R_f 和参数 G 对小主应力影响均不显著，模型参数敏感性排序为 $G>R_f>K>\varphi_0$，与极差分析的结果一致。

表 9-13　小主应力方差分析

因素	平方和	自由度	均方	F 值	概率值
φ_0	0.027	3	0.009	1.213	0.439
K	0.040	3	0.013	1.825	0.317
R_f	0.081	3	0.027	3.683	0.156
G	0.167	3	0.056	7.580	0.065

静力本构模型参数敏感性分析结果表明，在所选择的因素中，针对不同试验指标其影响因素的影响作用存在一定的差异。例如参数 φ_0 对心墙顺河向最大位移指标影响作用较大，较显著，而对心墙竖向位移及大、小主应力的影响作用较小，表现为不太显著。参数 G 对心墙顺河向最大位移指标及大、小主应力的影响作用不显著，而对心墙竖向位移的影响作用较显著。从整体来看，参数 K、G 敏感性较大，而参数 φ_0、R_f 的敏感性较小。

9.3 浇筑式沥青混凝土动力本构模型参数敏感性分析

根据改进的 Hardin-Drnevich 本构模型，材料动力参数包括最大动剪模量系数 K_1、最大动模量指数 n 和最大阻尼比 λ。动力计算参数一般由动力三轴试验直接来确定，但是大坝材料的动力试验的影响因素较多，而且试验数据有时有一定的离散性，再加上大型动力三轴试验的周期长、成本高，因此，试验组数有限，而且室内试验得到的动力参数有时并不能完全反映实际情况。所以，土石坝抗震设计时一般需要分析大坝材料动力参数对坝体动力反应的影响，即需要进行坝体材料动力反应的敏感性分析。对于浇筑式沥青混凝土心墙坝来说，沥青混凝土材料参数对心墙动力反应的敏感性是研究的关键问题。

因此，基于自编动力计算程序，针对浇筑式沥青混凝土心墙坝的加速度、应力和变形进行动力分析。探讨浇筑式沥青混凝土参数对心墙加速度、动位移和主应力的敏感性，以确定模型参数的敏感性及其敏感性排序，为合理选择改进的 Hardin-Drnevich 模型参数、参数反演提供依据，同时也为研究敏感性分析方法提供参考。

9.3.1 单因素材料模型参数敏感性分析

1. 基准参数的选取

基于第 8 章浇筑式沥青混凝土动力有限元分析模型及本构模型参数，进行沥青心墙动力本构参数敏感性分析。

2. 心墙材料参数对其加速度、位移和主应力的敏感性分析

针对改进的 Hardin-Drnevich 模型中的参数（K_1、n、λ_{max}），对沥青混凝土心墙坝（满蓄期）进行动力响应分析，每一组通过改变其中一个参数，保持其他参数不变，来讨论浇筑式沥青混凝土参数对心墙顺河向、竖向最大位移和主压应力、主拉应力的影响。

（1）参数 K_1 对心墙绝对加速度、动位移和主应力的影响

通过有限元动力计算，得到改进的 Hardin-Drnevich 模型的参数变化对沥青混凝土心墙的顺河向最大位移顺河向、竖向最大位移和主压应力、主拉应力的影响曲线，如图 9-20～图 9-22 所示。

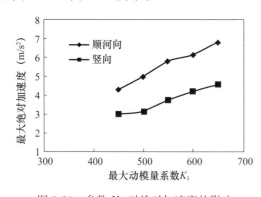

图 9-20　参数 K_1 对绝对加速度的影响

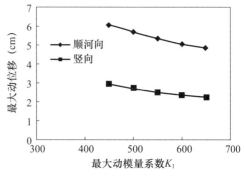

图 9-21　参数 K_1 对动位移的影响

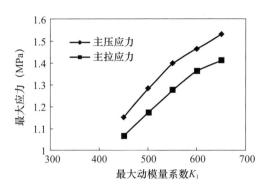

图 9-22 参数 K_1 主应力的影响

由影响曲线可知：当心墙材料参数 K_1 增大时，顺河向、竖向最大加速度随着最大动剪模量系数 K_1 的增大而增大。顺河向、竖向最大位移随着最大动剪模量系数 K_1 的增大而减小，且减小的幅度有减慢的趋势。当参数 K_1 为 500 时，顺河向、竖向最大加速度分别为 4.97 m/s^2 和 3.17 m/s^2；顺河向最大位移为 5.72cm，竖向最大位移为 2.71cm；当参数 K_1 值增大到 600 时，顺河向、竖向最大加速度分别增大到 6.14 m/s^2 和 4.21 m/s^2；此时顺河向位移为 5.04cm，竖向位移减小到 2.32cm。心墙的主压应力和主拉应力随参数 K_1 的增大而增大，但增加的速度开始较快后面减慢。

（2）参数 n 对心墙绝对加速度、动位移和主应力的影响

图 9-23～图 9-25 为最大动剪模量指数 n 的变化对心墙顺河向、竖向最大绝对加速度、最大位移及主应力的影响曲线。随着模量指数 n 值增大，心墙顺河向最大位移和竖向最大加速度几乎呈线性增加。位移均为减小，趋势为先快后减慢；最大主压应力和主拉应力随参数 n 的增大而增大。当模量指数 n 值为 0.35 时，顺河向最大位移为 5.63cm，竖向位移为 2.60cm，最大主压应力和主拉应力分别 1.274MPa、1.176 MPa。当模量指数 n 值增大到 0.45 时，此时顺河向位移减小到 4.94cm，竖向位移减小到 2.22cm。最大主压应力和主拉应力分别增大到 1.437MPa 和 1.315MPa。

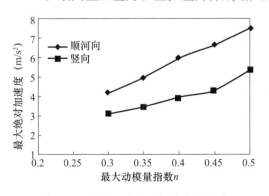

图 9-23 参数 n 对绝对加速度的影响

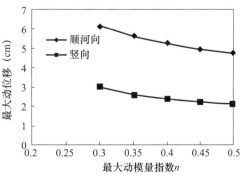

图 9-24 参数 n 对动位移的影响

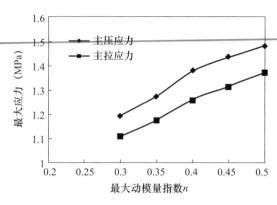

图 9-25　参数 n 对主应力的影响

（3）参数 λ_{max} 对心墙加速度、位移和主应力的影响

图 9-26～图 9-28 为参数 λ_{max} 对心墙加速度、位移和主应力的影响。

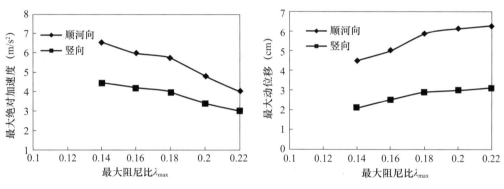

图 9-26　参数 λ_{max} 对绝对加速度的影响　　　　图 9-27　参数 λ_{max} 对动位移的影响

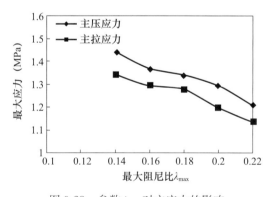

图 9-28　参数 λ_{max} 对主应力的影响

由图 9-26 可得：心墙顺河向和竖向最大加速度随参数 λ_{max} 增大而减小。最大阻尼比 λ_{max} 变化对心墙的顺河向和竖向最大位移的影响较为显著（图 9-27）。当参数 λ_{max} 增加时，心墙的顺河向和竖向最大位移均增大。当最大阻尼比 λ_{max} 为 0.14 时，顺河向和竖向最大位移分别 4.51cm 和 2.13cm；当参数 λ_{max} 值达到 0.22 时，此时顺河向和竖向最大位移分别减小到 6.26cm 和 3.14cm。参数 λ_{max} 对最大主压应力和主拉应力的影响也较

大，变化趋势随参数 λ_{max} 的增大呈现非线性减小（图 9-28）。

9.3.2 多因素材料模型参数敏感性分析

对筑式沥青混凝土心墙坝动力响应，仍采用正交设计方法进行方案设计，研究多因素下浇筑式沥青混凝土材料参数的敏感性。

1. 正交设计方案

（1）试验指标的选取。在沥青混凝土心墙坝中，心墙的安全性是大坝设计和施工的关键。心墙的位移和应力关系到整个大坝的安全。在参数敏感性分析中，根据试验指标的选取原则，考虑到浇筑式沥青混凝土心墙在地震荷载作用下，发生竖向位移和顺河向水平位移对大坝的影响较大，因此，选择典型剖面心墙的顺河向、竖向的最大绝对加速度及顺河向、竖向最大动位移作为参数敏感性分析的试验指标。

（2）确定试验的因素和水平。在等效线性模型中，在改进的 Hardin-Drnevich 模型中，参数为最大动模量系数 K_1、最大动模量指数 n 和最大阻尼比 λ_{max}。因此，以室内浇筑式沥青混凝土的试验材料参数为基础，以心墙作为敏感性分析的对象，对 3 个参数 K_1、n 和 λ_{max} 进行敏感性分析。参数敏感性分析的因素和各个因素的水平见表 9-14。

表 9-14　正交试验因素及各因素水平

水平	试验因素		
	A（K_1）	B（n）	C（λ_{max}）
1	400	0.3	0.14
2	500	0.4	0.18
3	600	0.5	0.22

（3）选择正交表，确定试验设计方案。假设选定计算模型中的各个参数之间无交互作用，根据试验因素的个数及各因素的水平数，选用正交表 $L_9(3^4)$ 安排试验。将正交表中的各元素按其对应的因素和水平替换成相应的模型参数值，最后一列为空列，即可得到心墙材料模型参数敏感性分析的正交试验方案。正交试验设计方案见表 9-15。

表 9-15　正交试验设计方案

试验号	试验因素			
	A	B	C	D 空列
1	1（400）	1（0.3）	1（0.14）	1
2	1（400）	2（0.4）	2（0.18）	2
3	1（400）	3（0.5）	3（0.22）	3
4	2（500）	1（0.3）	2（0.18）	3
5	2（500）	2（0.4）	3（0.22）	1
6	2（500）	3（0.5）	1（0.14）	2
7	3（600）	1（0.3）	3（0.22）	2
8	3（600）	2（0.4）	1（0.14）	3
9	3（600）	3（0.5）	2（0.18）	1

2. 绝对加速度仿真试验及结果分析

按表 9-15 所示正交表 $L_9(3^4)$ 选取的各因素水平的正交设计方案，分别计算每组方案下的试验指标，即浇筑式沥青混凝土心墙的顺河向和竖向的最大绝对加速度。典型剖面心墙的顺河向和竖向的最大绝对加速度的计算结果，见表 9-16。

表 9-16　试验指标仿真计算结果

试验号	试验结果	
	顺河向绝对加速度（m/s²）	竖向绝对加速度（m/s²）
1	4.85	3.48
2	4.43	3.26
3	5.75	4.15
4	4.74	3.41
5	4.62	3.35
6	6.55	4.68
7	5.19	3.74
8	5.75	4.21
9	7.11	5.18

（1）极差分析

根据考核指标的仿真计算结果，采用极差法对试验结果进行分析。因此，根据浇筑式沥青混凝土心墙坝的仿真试验结果，以顺河向和竖向最大绝对加速度为试验指标进行极差分析，分析结果见表 9-17 和表 9-18。

表 9-17　顺河向绝对加速度的因素极差分析

试验因素	K_1	n	λ_{max}
K_1	15.03	14.78	17.15
K_2	15.91	14.80	16.28
K_3	18.05	19.41	15.56
k_1	5.01	4.93	5.72
k_2	5.30	4.93	5.43
k_3	6.02	6.47	5.19
极差 R	1.01	1.54	0.53

由表 9-17 顺河向最大绝对加速度的极差分析结果可知：以顺河向绝对加速度为试验指标，最大动剪模量系数 K_1 的极差为 $1.01 \mathrm{m/s^2}$，参数 n 的极差为 $1.54 \mathrm{m/s^2}$，参数 λ_{max} 的极差为 $0.53 \mathrm{m/s^2}$。因此，参数 n 对指标的影响最大。各参数对顺河向最大绝对加速度的敏感性由大到小依次为 $n > K_1 > \lambda_{max}$。

表 9-18　竖向绝对加速度的因素极差分析

试验因素	K_1	n	λ_{max}
K_1	10.89	10.63	12.37

续表

试验因素	K_1	n	λ_{max}
K_2	11.44	10.82	11.85
K_3	13.13	14.01	11.24
k_1	3.63	3.54	4.12
k_2	3.81	3.61	3.95
k_3	4.38	4.67	3.75
极差 R	0.75	1.13	0.38

由表 9-18 竖向最大绝对加速度的极差分析结果可得：以竖向加速度为试验指标，参数的 K_1 极差为 0.75m/s^2，参数 n 和 λ_{max} 的极差分别为 1.13 m/s^2、0.38 m/s^2。极差分析结果表明，参数 n 对指标的影响最显著，其次是参数 K_1。各参数对竖向最大绝对加速度的敏感性依次为 $n>K_1>\lambda_{max}$，参数敏感性排序与顺河向加速度相同。

对顺河向和竖向最大绝对加速度的影响因素极差分析结果进行整理，按照各因素对各试验指标的极差值绘制极差柱状图，如图 9-29 所示。

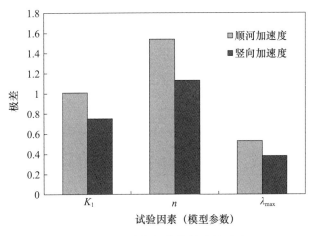

图 9-29　试验指标参数敏感性对比

（2）方差分析

根据浇筑式沥青混凝土的顺河向最大位移和竖向位移的仿真试验结果，进行单变量方差分析，研究浇筑式沥青混凝土本构模型参数 K_1、n 和 λ_{max} 对心墙顺河向和竖向最大绝对加速度的敏感性。

①顺河向绝对加速度方差分析

表 9-19 为心墙顺河向最大绝对加速度的参数 K_1、n 和 λ_{max} 的方差分析表，由该表可以看出：参数 K_1 的显著值为 0.020，参数 n 的显著值为 0.007，参数 λ_{max} 的显著值为 0.071。因此，参数 n（概率值 $P<0.05$）对心墙顺河向最大绝对加速度的影响非常显著，参数 K_1 的影响也比较显著，参数 λ_{max} 的影响不显著。由 F 值比较也可看出，参数 K_1 和 n 是影响顺河向加速度的主要因素，参数的敏感性顺序为 $n>K_1>\lambda_{max}$，与极差分析的结果一致。

表 9-19　顺河向最大绝对加速度方差分析

因素	平方和	自由度	均方	F 值	概率值
K_1	0.608	2	0.804	50.154	0.020
n	4.743	2	2.372	147.919	0.007
$\lambda_{\max}$	0.423	2	0.211	13.179	0.071

②竖向最大绝对加速度方差分析

根据心墙竖向最大绝对加速度及参数 K_1、n 和 $\lambda_{\max}$ 的方差分析结果（表 9-20）可知、参数 K_1 的概率值为 0.021，参数 n 和 $\lambda_{\max}$ 的概率值分别为 0.008 和 0.083。浇筑式沥青混凝土本构模型参数 K_1 和 n 对心墙竖向最大加速度的影响有显著性意义。根据参数的概率值，得到模型参数敏感性顺序为 $n > K_1 > \lambda_{\max}$，与极差分析的参数敏感性结果一致。

表 9-20　竖向最大绝对加速度方差分析

因素	平方和	自由度	均方	F 值	概率值
K_1	0.908	2	0.454	46.828	0.021
n	2.404	2	1.202	123.921	0.008
$\lambda_{\max}$	0.213	2	0.107	10.993	0.083

3. 动位移仿真试验及结果分析

按表 9-15 的正交设计方案，分别计算每组方案下，浇筑式沥青混凝土心墙的顺河向最大位移和竖向最大位移。典型剖面心墙的顺河向和竖向最大位移计算结果，见表 9-21。

表 9-21　试验指标仿真计算结果

试验号	试验结果	
	顺河向位移（cm）	竖向位移（cm）
1	5.951	2.973
2	5.032	2.512
3	6.151	3.075
4	5.742	2.872
5	5.619	2.811
6	4.351	2.175
7	5.992	3.102
8	4.152	2.074
9	4.513	2.257

（1）极差分析

根据浇筑式沥青混凝土心墙坝的仿真试验结果，以顺河向最大位移和竖向最大位移为考核指标进行极差分析，分析结果见表 9-22 和表 9-23。

表 9-22　顺河向最大位移的因素极差分析

试验因素	K_1	n	$\lambda_{\max}$
K_1	17.13	17.68	14.45
K_2	15.71	14.80	15.28

试验因素	K_1	n	λ_{max}
K_3	14.65	15.01	17.76
k_1	5.71	5.89	4.82
k_2	5.24	4.93	5.09
k_3	4.88	5.00	5.92
极差 R	0.83	0.96	1.10

由表 9-22 顺河向最大位移的极差分析结果可知：以顺河向最大位移为试验指标，参数 K_1 的极差为 0.83cm，参数 n 和 λ_{max} 的极差分别为 0.96cm、1.10cm。极差分析结果表明，参数 λ_{max} 对顺河向最大位移的影响最大，其次为参数 n。各因素对顺河向最大位移的敏感性依次为 $\lambda_{max}>n>K_1$。

表 9-23　竖向最大位移的因素极差分析

试验因素	K_1	n	λ_{max}
K_1	8.57	8.95	7.23
K_2	7.86	7.40	7.64
K_3	7.43	7.51	8.99
k_1	2.86	2.98	2.41
k_2	2.62	2.47	2.55
k_3	2.48	2.50	3.00
极差 R	0.38	0.52	0.59

由表 9-23 心墙竖向最大位移的极差分析结果可得：以竖向位移为试验考察指标，参数 K_1 的极差为 0.38cm，参数 n 和 λ_{max} 的极差分别为 0.52cm、0.59cm。极差分析结果表明，参数 λ_{max} 对心墙竖向最大位移的影响最显著，其次是参数 n。各参数对竖向最大位移的敏感性依次为 $\lambda_{max}>n>K_1$。

把顺河向和竖向最大位移的影响因素极差分析结果，按照各因素对各试验指标的极差值绘制极差柱状图，如图 9-30 所示。

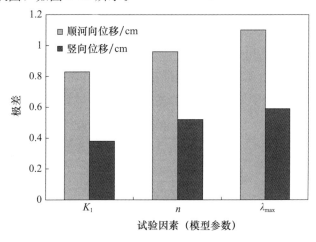

图 9-30　试验指标参数敏感性对比

（2）方差分析

根据浇筑式沥青混凝土的顺河向最大位移和竖向位移的仿真试验结果，进行单变量方差分析，分析浇筑式沥青混凝土本构模型参数 K_1、n 和 λ_{max} 对心墙顺河向和竖向最大位移的敏感性。

①顺河向位移方差分析

表 9-24 为心墙顺河向最大位移的参数方差分析表，由表中分析结果可以看出：参数 K_1 的概率值为 0.093，参数 n 的概率值为 0.058，参数 λ_{max} 的概率值为 0.049。因此，参数 λ_{max}（概率值 $P<0.05$）对心墙顺河向最大位移的影响显著，参数 K_1 和 n 对顺河向位移的影响不显著。由 F 值也可看出，参数 λ_{max} 和 n 是影响顺河向最大位移的主要因素，K_1 对试验结果的影响较小，参数的敏感性顺序为 $\lambda_{max}>n>K_1$，与极差分析的结果一致。

表 9-24　顺河向最大位移方差分析

因素	平方和	自由度	均方	F 值	概率值
K_1	1.030	2	0.515	9.742	0.093
n	1.720	2	0.860	16.267	0.058
λ_{max}	1.974	2	0.987	18.666	0.049

②竖向位移方差分析

根据心墙竖向最大位移的参数方差分析结果（表 9-25）可知，参数 K_1、n 和 λ_{max} 的概率值分别为 0.057、0.026 和 0.023。本构模型参数 n 和 λ_{max}（$P<0.05$）对心墙竖向最大位移的影响有显著性意义。模型参数敏感性顺序为 $\lambda_{max}>n>K_1$，方差分析结果与极差分析的结果一致。

表 9-25　竖向最大位移方差分析

因素	平方和	自由度	均方	F 值	概率值
K_1	0.216	2	0.108	16.509	0.057
n	0.499	2	0.249	38.123	0.026
λ_{max}	0.568	2	0.284	43.394	0.023

4. 主应力仿真试验及结果分析

按表 9-15 所示正交设计试方案，分别计算每组方案下心墙的最大主压应力和主拉应力。将典型剖面心墙的顺河向最大主压应力和主拉应力的计算结果分别列于表 9-26 中。

表 9-26　试验指标仿真计算结果

试验号	试验结果	
	主压应力（MPa）	主拉应力（MPa）
1	1.13	0.99
2	1.03	0.93
3	1.34	1.19
4	1.1	0.97

试验号	试验结果	
	主压应力（MPa）	主拉应力（MPa）
5	1.07	0.96
6	1.52	1.34
7	1.21	1.07
8	1.34	1.2
9	1.65	1.48

（1）极差分析

根据浇筑式沥青混凝土心墙坝的仿真试验结果，以心墙的主压应力和主拉应力为试验指标进行极差分析，分析结果见表 9-27 和表 9-28。

表 9-27　主压应力的因素极差分析

试验因素	K_1	n	λ_{max}
K_1	3.50	3.44	3.99
K_2	3.69	3.44	3.78
K_3	4.20	4.51	3.62
k_1	1.17	1.15	1.33
k_2	1.23	1.15	1.26
k_3	1.40	1.50	1.21
极差 R	0.23	0.36	0.12

表 9-27 为心墙主压应力的影响参数极差分析结果。根据分析结果可知：以主压应力的极值为试验指标，参数 K_1 的极差为 0.23MPa，n 和 λ_{max} 的极差分别为 0.36MPa、0.12MPa。分析结果表明，参数 n 对指标的影响最大。各因素对心墙主压应力的敏感性顺序为 $n>K_1>\lambda_{max}$。

表 9-28　主拉应力的因素极差分析

试验因素	K_1	n	λ_{max}
K_1	3.11	3.03	3.53
K_2	3.27	3.09	3.38
K_3	3.75	4.01	3.22
k_1	1.04	1.01	1.18
k_2	1.09	1.03	1.13
k_3	1.25	1.34	1.07
极差 R	0.21	0.33	0.10

由表 9-28 心墙主拉应力的极差分析结果可得：参数 n 对心墙主拉应力极值的影响最大，其次是参数 K_1；各因素对心墙最大主拉应力的敏感性顺序为 $n>K_1>\lambda_{max}$。按照各因素对试验指标的极差值绘制极差柱状图，如图 9-31 所示。

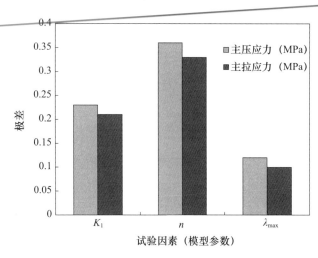

图 9-31　试验指标参数敏感性对比

（2）方差分析

根据浇筑式沥青混凝土的主压应力和主拉应力的仿真试验结果，采用 SPSS 软件进行单变量方差分析，分析浇筑式沥青混凝土本构模型参数 K_1、n 和 λ_{max} 对心墙主压应力和主拉应力的敏感性。

①主压应力方差分析

表 9-29 为心墙主压应力的参数方差分析表。由表中分析结果可以看出：参数 K_1 的概率值为 0.017，参数 n 的概率值为 0.006，参数 λ_{max} 的概率值为 0.049（概率值 $P<$ 0.05）。因此，参数 K_1 和 n 对心墙主压应力极值的影响显著，参数 λ_{max} 的影响不显著。参数的敏感性顺序为 $n>K_1>\lambda_{max}$，与极差分析的结果一致。

表 9-29　主压应力方差分析

因素	平方和	自由度	均方	F 值	概率值
K_1	0.087	2	0.023	58.672	0.017
n	0.254	2	0.127	170.881	0.006
λ_{max}	0.023	2	0.011	15.418	0.061

②主拉应力方差分析

根据心墙主拉应力的参数方差分析结果（表 9-30）可知：参数 K_1、n 和 λ_{max} 的概率值分别为 0.020、0.007 和 0.085；心墙模型参数 n 和 λ_{max}（$P<0.05$）对心墙主拉应力的影响有显著性意义，参数的敏感性顺序为 $n>K_1>\lambda_{max}$。

表 9-30　主拉应力方差分析

因素	平方和	自由度	均方	F 值	概率值
K_1	0.074	2	0.037	49.672	0.020
n	0.201	2	0.101	135.104	0.007
λ_{max}	0.016	2	0.008	10.761	0.085

动力本构模型（改进的 Hardin-Drnevich 模型）参数敏感性分析结果表明：在改进的 Hardin-Drnevich 模型中，参数 K_1、n 和 λ_{max} 表现出针对不同的试验指标其敏感性存在一定的差异。从整体来看，参数 n 和 K_1 对绝对加速度和主应力的敏感性比较显著，参数 λ_{max} 对动位移的敏感性比较显著。

参考文献

［1］ 赵国军，翟守俊. 邓肯-张 E-B 模型参数对心墙土变形的敏感性研究［J］. 资源环境与工程，2012，26（5）：514-520.

［2］ 方开泰，马长兴. 正交与均匀试验设计［M］. 北京：科学出版社，2001.

［3］ 燕乔，吴长彬，张岩. 基于均匀设计的邓肯 E-B 模型参数敏感性分析［J］. 中国农村水利水电，2010（7）：82-85.

［4］ 曹先锋，徐千军. 边坡稳定分析的温控参数折减有限元法［J］. 岩土工程学报，2006，28（11）：2039-2042.

［5］ 杨世全，拜云山，郭锋，等. 基于正交试验方法的杆式射流成型和侵彻性能影响因素敏感性分析［J］. 振动与冲击，2021，40（11）：240-247，261.

［6］ 沈恒祥，孔云，庞建勇. 陶粒混杂纤维混凝土强度正交试验研究［J］. 长江科学院院报，2021，38（5）：144-148.

［7］ 伍鹤皋，于金弘，石长征，等. 基于正交试验法的埋地钢管参数敏感性分析［J］. 长江科学院院报，2021，38（8）：97-103.

［8］ 谢颉，张文光，尹雪乐，等. 基于正交试验方法的柔性神经电极优化设计［J］. 上海交通大学学报，2020，54（8）：785-791.